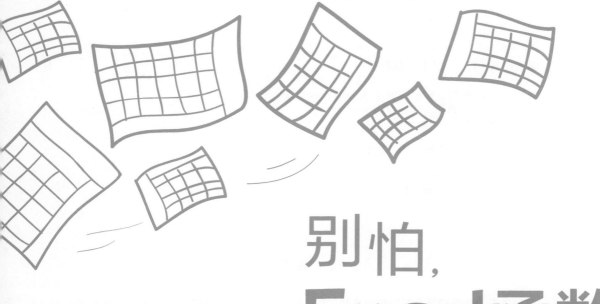

别怕，
Excel函数
其实很简单

Excel Home 编著

人民邮电出版社
北 京

图书在版编目（CIP）数据

别怕，Excel函数其实很简单 / Excel Home编著. --
北京 ：人民邮电出版社，2015.2
ISBN 978-7-115-38455-3

Ⅰ．①别… Ⅱ．①E… Ⅲ．①表处理软件 Ⅳ．
①TP391.13

中国版本图书馆CIP数据核字(2015)第019885号

内 容 提 要

运用先进的数据管理思想对数据进行组织，运用强大的Excel函数与公式对数据进行统计分析，是每一位职场人士在信息时代的必备技能。

本书用浅显易懂的图文、生动形象的描述以及大量实际工作中的经典案例，介绍了Excel最常用的一部分函数的计算原理和应用技巧，包括逻辑运算、日期与时间运算、文本运算、查找与统计运算等，还介绍了数据的科学管理方法，以避免从数据源头就产生问题。

本书适合希望提高办公效率的职场人士，特别是经常需要处理、分析大量数据并制作统计报表的相关人员，以及相关专业的高校师生阅读。

- ◆ 编　　著　Excel Home
　　责任编辑　马雪伶
　　责任印制　杨林杰
- ◆ 人民邮电出版社出版发行　　北京市丰台区成寿寺路 11 号
　　邮编　100164　　电子邮件　315@ptpress.com.cn
　　网址　http://www.ptpress.com.cn
　　北京天宇星印刷厂印刷
- ◆ 开本：787×1092　1/16
　　印张：20　　　　　　　　　　　2015 年 2 月第 1 版
　　字数：418 千字　　　　　　　2024 年 12 月北京第 33 次印刷

定价：69.80 元

读者服务热线：**(010) 81055410**　印装质量热线：**(010) 81055316**
反盗版热线：**(010) 81055315**

序

让我们更有效率地烹饪信息大餐

在原始社会，一名好厨子通常只需要做好一件事情，就是确保所有能做成食物的东西都被做成食物。在资源特别匮乏的时代，人类首先关注的是能不能吃饱，而不是好不好吃。所以，你只需要借助树枝和石块，就可以开工了。

随着科技的进步，越来越多的专业设备进入寻常百姓家，造福我等懒人。

想在家里吃最新鲜的面包？把面粉和配料倒进面包机，然后完全不用管，等着吃就好了。

想喝不含任何添加剂的酸奶？把奶和配料倒进酸奶机，然后完全不用管，等着喝就好了。

想吃糖醋排骨？把排骨和配料倒进料理机，定好时间，坐等开锅……

这一切，和我等"表哥""表妹"如今的境遇何等相似？

在这样一个信息大爆炸的时代，从海量数据中高速有效地提取有价值的信息，提供决策支持，是大到企业小到个人都必须具备的技能，而技能需要借助工具方可施展。如果把Excel看作一个工具套装，那么函数与公式毫无疑问是其中一个非常重要的组成部分。

不到长城非好汉——这句话肯定有点夸张了，好汉不一定都会到长城。但是，对于和Excel常打交道的"表哥""表妹"而言，用不好函数和公式，就肯定谈不上熟练使用Excel——以后千万别在个人简历上想当然地就写自己精通Excel，很容易露馅。

很多人觉得Excel函数和公式很难学，说自己怎么努力也学不好，说自己数学不好所以学不好，说自己不会英文所以学不好……是啊，要想学不好，理由总是很多的，可问题是这是个不得不好好学习的东西，怎么办呢？

我想问，对于做面包这件事情，是学习揉面、发面、烘烤这一系列流程容易呢，还是学会怎么操作面包机容易？每一个Excel函数，都像一台特定口味的面包机，你只需要了解放什么原料进去，选择哪个挡位，就能确定无疑地得到对应的面包，想要烤焦都很难。所以，你觉得函数难，是因为你还没有看到更难的事情——没有函数。

很多食品和菜肴的制作过程远比做面包复杂，需要按照配方和流程，借助多种烹饪设备完成。但是，在使用具体的每个设备时，也大多是"放进去不用管"的原则。原料依次经过多个设备，前一个工序完成的半成品，作为原料进入下一个工序，直到最后成品。这和Excel函数的嵌套使用是相同的道理，单个函数的功能有限，但多个函数按流程组织在一起，就非常强大了。

所以，**我们应该将Excel的函数视作我们的好帮手，是我们的福星，而不是令人头疼的坏家伙**。你只要多花一点心思读读它们的说明书，了解放什么原料、开关在哪里，就可以让它们为我们高效地工作，烹饪信息大餐。

多久才能真正学会Excel函数？

看到这里，也许你会说，好吧，我已经完全明白Excel函数是个啥角色，并且已经做好准备认真学习它了。可是我需要学习多久才能真正学会呢？

问得好！

但是这个问题要回答清楚可真没那么容易，我觉得有必要讲得细一点。

最近有个很火的说法，说只要练习10 000个小时，就可以成为任何一个领域的专家。

嗯，先别怕，我并不是说你要10 000个小时才能学会Excel函数，我只是借着这句话开始我的回答。

什么是专家呢？比如厨艺这件事，要达到普通厨师、高级餐厅的大厨、食神这样不同的专家级别，付出的努力肯定是不一样的，甚至还不光是努力就可以达成的。那么，我们的目标是啥呢？怎样才算真正学会Excel函数呢？

我个人觉得，只要达到两点，就可以算学会Excel函数了：

（1）真正理解Excel函数是做什么的；

（2）掌握函数与公式的通用特性并掌握最常用的一些函数。

学习新知识，就像探索陌生地域。如果带着地图进入陌生地域，那么迷路的可能性就会大大降低；如果进入之前还能乘飞机鸟瞰一番，那就更有利于之后的探索。那么，我们现在先鸟瞰一下，Excel函数到底是做什么的。

Excel函数是用在公式里面的，谈函数必谈公式，两者不宜分割。我曾多次在培训课堂上问学员一个问题，"Excel函数与公式的核心价值是什么？"得到的答案100%都是"计算"。这个答案，对，也不对。

函数确实有计算的功能，只要指定参数，它就可以按预定的算法完成计算，输出结果。所以前文我将它比喻成面包机，放进面粉和配料，就可以自动做好面包。但是，这只是函数的初级功能，而不是核心价值。

在Excel里面，我们通常需要完成的任务，是对表格的每一列或每一行都按照预定的算法得出结果。在这一列（或行）结果没有诞生之前，其他的数据之间是没有关联起来的，看不到任何有意义的信息。所以，**Excel函数和公式的核心价值是确立数据之间的关联关系，并且使用新的数据（结果）描述出来。**

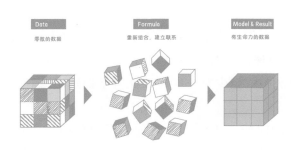

函数和公式要实现的是一种算法表达，所以与其说它是一台面包机，不如说是一个面包解决方案，或者面包魔法。一台面包机，只能作用于一份面粉和配料。而面包魔法，可以对所有符合配方的面粉和配料进行作用，让它们全部变成某种面包。

接下来，我们需要掌握函数与公式的通用特性，包括数据类型、运算符、引用方式的选择、函数的选择和使用方法、函数如何嵌套等，再学习最常用的一部分函数——大约20个。

一般说来，如果你深入了解并能熟练使用的函数数量达到50个，就已经相当厉害了。尽管这只占Excel函数总量的1/8左右，但对你而言，剩下的任何函数都不再有难点，只要在需要用到它们的时候，快速学习了解即可。

哪些通用特性和常用函数是需要优先掌握的？这正是本书要告诉你的。

打破知识的诅咒

1990年，心理学专家伊丽莎白·牛顿（Elizabeth Newton）在斯坦福大学做了一个著名的实验。在这个实验中，她把参与者分为两种角色："敲击者"和"听众"。敲击者拿到一张有25首名曲的单子，这些名曲都是绝大多数人耳熟能详的，例如《祝你生日快乐》。每位敲击者挑选一首，把节奏敲给听众听（通过敲桌子）。听众的任务是根据敲击的节奏猜出歌曲。

在整个实验过程中，人们敲出了120首曲子的节奏，而听众只猜出了其中的2.5%——120首中的3首。敲击者传递的信息，40次中才有一次被理解，但是他们在敲之前都信心满满，认为自己每敲两次中就至少有一次可以让听众识别出来。

这是为什么呢？

当一个敲击者敲打的时候，他听到的是他脑子里的歌曲。同时，听众听不到那个曲调——他们所能听到的，只是一串分离的敲击声，就像一种奇怪的莫尔斯式电码，需要付出很多努力才能辨出乐曲。敲击者会对此感到震惊：难道不是很明显就能听出来吗？他们的想法还可能是：你怎么会这么蠢呢？

这就是"知识的诅咒"——一旦我们知道某样东西，我们就会发现很难想象不知道它是什么样子。我们的知识"诅咒"了我们。**对于我们来说，同别人分享我们的知识变得很困难，因为我们不易重造我们听众的心境。**

我第一次听说这个概念的时候，非常震惊，并且马上请我的妻子一起做了这个实验：我们依次相互敲击几首我们都肯定对方非常熟悉的曲子，结果是我们一次也听不出对方敲的是啥。切身体验告诉我，当我敲的时候，无论自认为多么容易的曲子，我妻子就是无法明白，反过来也一样，真让人抓狂。

从此，无论是我参与编写的图书项目，还是在培训课堂上，我都反复地提醒自己，一定要争取打破知识的诅咒，一定要经常站在对方的角度想一想，我对于某个知识点的描述是否真的清晰易懂？我有没有用一个专业术语去解释另一个专业术语而导致理解障碍？坦白地讲，尽管Excel Home的图书以及课程都很受欢迎，但我仍然觉得我们做得还不够好，还有许多提升空间。

当然，打破"知识的诅咒"确实是件困难的事情，要求知识分享者要经常回忆自己的学习经历，然后使用尽量具体客观的描述方式去取代那些很抽象的概念。比如，对一个从来没有接触过逻辑判断运算的人讲解Excel的IF函数，就得回忆自己当初第一次学习它的情景，那时的理解难点在哪里？犯过什么理解错误？然后以现有水平的自己穿越回去，告诉当初的自己：你应该这样这样……就对了。OK，怎么教当初的自己，现在就可以怎么教其他人。

市面上的Excel图书，大多描述自己的讲解方式特点是"深入浅出"。我毫不怀疑所有作者都是希望做到深入浅出的，但往往深入容易浅出很难。所以，我就不再说这本罗老师和我花了近两年时间才折腾出来的书的特点是"深入浅出"了，我只希望大家能更轻松地听懂我们所敲的每一支Excel函数之曲。

最后，祝大家学习愉快！

Excel Home 创始人、站长　周庆麟

前言

本书以培养学习兴趣为主要目的，遵循实用为主的原则，深入浅出地介绍了Excel 函数的计算原理和经典应用知识。作者沿袭了超级畅销图书《别怕，Excel VBA其实很简单》的写作风格，利用生动形象的比拟和浅显易懂的语言描述Excel函数与公式中看似复杂的概念和算法，借助实战案例来揭示公式编写思路和函数应用技巧。

阅读对象

如果你是"表哥"或"表妹"一枚，长期以来被无穷的数据折磨得头昏脑涨，希望通过学习函数与公式来进一步提升数据统计能力；如果你是大中专院校在校学生，有兴趣学习强大的Excel函数与公式用法，为今后的职业生涯提前锻造一把利剑，那你们便是本书最佳的阅读对象。

当然，在阅读之前，你得对Windows操作系统和Excel有一定的了解。

写作环境

本书以Windows 7和Excel 2010为写作环境。

使用Excel 2003、Excel 2007和Excel 2013的用户不必担心，因为书中涉及的知识点基本上在这些版本中同样适用。

后续服务

在本书的编写过程中，尽管作者团队已竭尽全力，但仍无法避免存在不足之处。如果您在阅读过程中有任何意见或建议，敬请您反馈给我们，我们将根据您提出的宝贵意见或建议进行改进，继续努力，争取做得更好。如果您在学习过程中遇到困难或疑惑，也可以和我们交流。

您可以通过以下任意一种方式和我们互动。

（1）您可以访问Excel Home技术论坛，这里有各行各业的Office高手免费为您答疑解惑，也有海量的应用案例。

（2）您可以在Excel Home门户网站免费观看或下载Office专家精心录制的总时长数

千分钟的各类视频教程，并且视频教程随技术发展在持续更新。

（3）您可以关注Excel Home官方微信公众号"Excel之家ExcelHome"，我们每天都会推送实用的Office技巧，微信小编随时准备解答大家的学习疑问。

您也可以发送电子邮件到book@excelhome.net，我们将尽力为您服务。

致谢

本书由周庆麟策划及统稿，由罗国发进行编写，由祝洪忠完成校对。

感谢美编马佳妮为本书绘制了精彩的插图，这些有趣的插图让本书距离"趣味学习，轻松理解"的目标更进了一步。

Excel Home论坛管理团队、在线培训中心教管团队、微博小分队长期以来都是Excel Home图书的坚实后盾，他们是Excel Home大家庭中最可爱的人。最为广大会员所熟知的代表人物有朱尔轩、林树珊、祝洪忠、刘晓月、吴晓平、方骥、杨彬、朱明、郗金甲、黄成武、孙继红、王鑫等，在此向这些最可爱的人表示由衷的感谢。

衷心感谢Excel Home的百万会员，是他们多年来不断的支持与分享，才营造出热火朝天的学习氛围，并成就了今天的Excel Home系列图书。

Excel Home简介

Excel Home是微软在线社区联盟成员，是一个主要从事研究、推广以Excel为代表的Microsoft Office软件应用技术的网站。自1999年由Kevin Zhou（周庆麟）创建以来，目前已成长为全球最具影响力的华语Excel资源网站之一，拥有大量原创技术文章、视频教程、加载宏及模板。

Excel Home 社区是一个颇具学习氛围的技术交流社区。截至2015年1月，注册会员人数逾300万，同时也产生了32位Office方面的MVP（微软全球最有价值专家），中国大陆地区的Office MVP被授衔者大部分来自本社区。现在，社区的版主团队包括数十位中国大陆和港澳台地区的Office技术专家，他们都身处各行各业，并身怀绝技！在他们的引领之下，越来越多的人取得了技术上的进步与应用水平的提高，越来越多的先进管理思想转化为解决方案并被部署。

Excel Home 是Office 技术应用与学习的先锋，通过积极举办各种技术交流活动，开办完全免费的在线学习班，创造了与众不同的社区魅力并持续鼓励技术的创新与进步。网站上的优秀文章在微软（中国）官网上同步刊登，让技术分享更加便捷。另一方面，原创图书的出版加速了技术成果的传播共享，从2007 年至今，Excel Home 已累计出版Office 技术类图书数十本，在Office 学习者中赢得了良好的口碑。

Excel Home 专注于Office 学习应用智能平台的建设，旨在为个人及各行业提升办公效率、将行业知识转化为生产力，进而实现个人的知识拓展及企业的价值创造。无论是在校学生、普通职员还是企业高管，在这里都能找到您所需要的内容。创造价值，这正是Excel Home 的目标之所在。

Let's do it better!

目录

第 1 章　聊聊你不知道的Excel

第 2 章　公式到底是什么

第 **3** 章　常用的逻辑函数

第 **4** 章　用函数进行数学运算与数据统计

第 5 章　用函数处理文本

第 6 章 用函数实现高效查找

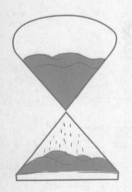

第 7 章　用函数处理日期与时间

第 **8** 章　管理好你的各种数据

第1章 聊聊你不知道的Excel

Excel本是骏马，但能否成为千里驹，全看你怎么遛。

有人遛得很勤，不辞辛劳地在广袤的数据草原里来回折腾；也有人居然把马当作骡子使唤，还乐此不疲，令人啼笑皆非。

如果不找对门路好好学习，最后很可能只能骑着"骡子"，看别人把Excel遛出汗血宝马的境界。

下面，我想先讲一些关于使用Excel的故事。如果这些故事对你有所触动，那就跟着我们，一起来学习吧。

第1节 最牛的Excel用法

牛，有两种牛法：一是功力炉火纯青的高手，将Excel用得出神如化，让人叹为观止；二是缺乏对Excel了解的菜鸟，总在使用Excel的过程中出现一些趣闻，让人哭笑不得。

这是ExcelHome站长Kevin在一篇热门帖子里的开场白。这里引用过来，借以为题，同时和大家分享几个或搜集而来，或亲身经历的故事。

1.1.1 我见过最牛的求和方式

● 对计算器不抛弃不放弃的老同志

那天，我在某公司看到一位年龄较大的同志使用Excel做报表，只见她好不容易把单据上的数字敲进Excel，待开始汇总时，令人吃惊的事情发生了，她把手从键盘和鼠标上移开，然后开始按计算器，计算完后再把结果敲进Excel，然后再算一遍进行检查，极为认真。

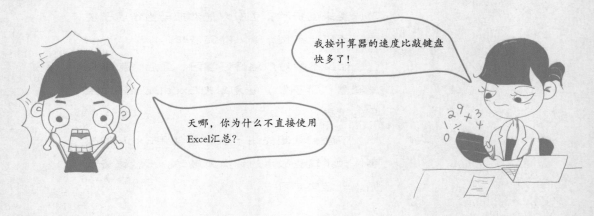

听完她的回答后，我顿时无语……

● 用状态栏汇总数据的牙医

有一次，我到某口腔医院洗牙，因在排队等待治疗时闲得无聊，就顺便看看医生的助手在电脑上忙什么。

原来，她正在使用Excel汇总一份某小学的口腔防治检验报告，要把所有学生按班级、性别进行几个指标的汇总。Excel里的表格和她手上拿的表格基本一样，数据已经输入完成，只需要进行汇总。

她汇总的方式是：选中一列待汇总的数据，然后查看Excel状态栏上的结果，再输入到相应的汇总单元格中，一列接一列。

我实在看不下去了，就小心地提醒道：

我的下句是想说："Excel中有专门的函数，能够很快解决你的问题。"但还没等我开口，她就打断了我的话。

听完她的回答，我瞬间石化……

1.1.2　我曾经也这样囧过

● "艰巨"的查询匹配任务

那时，我还不知道什么是VLOOKUP函数。

我手上有两张表，保存着单位两千多名职工的信息。第一张表保存有职工的工号、姓名及身份证号。第二张表保存有职工的工号、姓名及社保号。两张表的记录数不等，且顺序不同。领导让我将第二张表中的社保号填入第一张表对应的记录中，如图 1-1 所示。

工号	姓名	身份证号	社保号
A1001	张小林	5225021984111125000	
A1002	李开军	520181197802112132	
A1003	刘丽丽	520132197703210512	
A1004	邓莎	522502198203062213	
A1005	徐丽丽	521523198312233215	
A1006	张春华	520181199001012223	
A1007	王发香	5225021988411210326	
A1008	邓书军	520181197206245523	
A1009	张春	521181197705324598	

工号	姓名	社保号
A1004	邓莎	3221735312
A1008	邓书军	6005576520
A1002	李开军	2179168306
A1003	刘丽丽	2166056034
A1025	马云华	6262756561
A1033	王芳	1967173353
A1005	徐丽丽	4336541462
A1009	张春	1470878901
A1001	张小林	2805684985

图 1-1　待补充完整的员工信息表

我当时的操作步骤是：查找→复制→粘贴。

具体的方法是：按<Ctrl+F>组合键，打开【查找】对话框，通过查找职工工号，找到对应的社保号，然后……然后我就成了按键如飞的键盘高手。

后来，一位"高手"教我使用排序核对法，替我省了不少力。

先将两张工作表的数据按工号排序，然后逐行核对，填入对应的社保号。

排序后的表格，相同工号的记录在表中的位置几乎相同，给查找数据带来了许多便利。但一千多行的记录弄完后，还是累得我两眼直冒金星。

直到后来的后来，我才知道，不管有多少条记录，这个问题使用一个VLOOKUP函数就能解决，并且解决时间不会超过一分钟，你不需对数据进行排序或作其他任何处理，如图1-2所示。

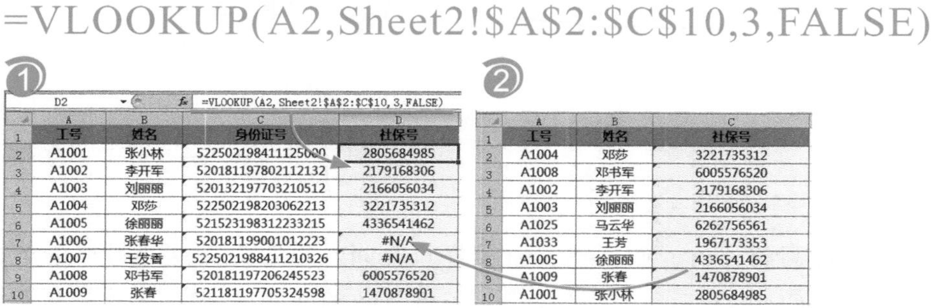

$$=VLOOKUP(A2,Sheet2!\$A\$2:\$C\$10,3,FALSE)$$

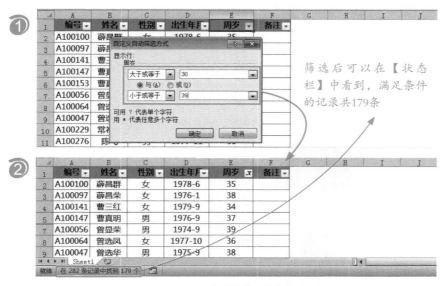

图 1-2　使用公式补全表格信息

"高大上"的条件计数方式

以前做年度人事报表，在统计各年龄段人数时，我都是使用自动筛选功能完成：筛选周岁列，"大于或等于??"且"小于或等于??"，然后在状态栏查看筛选结果的记录数，每个年龄段筛选一次，如图 1-3所示。

图 1-3　使用自动筛选统计年龄段人数

也许你不会相信，就是这种操作方式，把我的同事们看得瞠目结舌，对我佩服得五体投地。

你的Excel水平太高了，我原来统计时，都是一个一个地数。

面对如此高的评价，我沾沾自喜了好长时间，也曾认为这是最棒的解决方式，直到后来，我接触COUNTIF函数后才发现，条件计数的问题原来Excel也可以瞬间搞定，如图1-4所示。

=COUNTIF(E:E,">="&H2)-COUNTIF(E:E,">"&I2)

编号	姓名	性别	出生年月	周岁	备注		统计区间		人数	
A100100	薛昌群	女	1978-6	35			30	39	179	
A100097	薛昌荣		1976-1	38						
A100141	曹三红	女	1979-9	34						
A100147	曹真明	男	1976-9	37						
A100153	曹真蓉	男	1973-1	41						
A100056	曾显荣	男	1974-9	39						
A100064	曾选凤	女	1977-10	36						
A100047	曾选华	男	1975-9	38						
A100229	常礼明	女	1974-11	39						
A100276	陈飞	男	1977-11	36						
A100109	陈勇	男	1979-5	34						
A100226	陈勇	男	1979-10	34						

当需要统计其他周岁段人数时，只需更改要统计的周岁区间，公式便会自动更新结果

图1-4　使用COUNTIF函数统计年龄段人数

曾经以为十分牛X的方法，原来都是笨拙的。不知道当初赞扬我的那些同事知道后会怎么想。

1.1.3　原来Excel还可以这样算

那一年，我还是名副其实的Excel资深菜鸟，知道Excel，却不懂Excel。但在工作中却经常需要使用Excel解决类似如图1-5所示的问题。

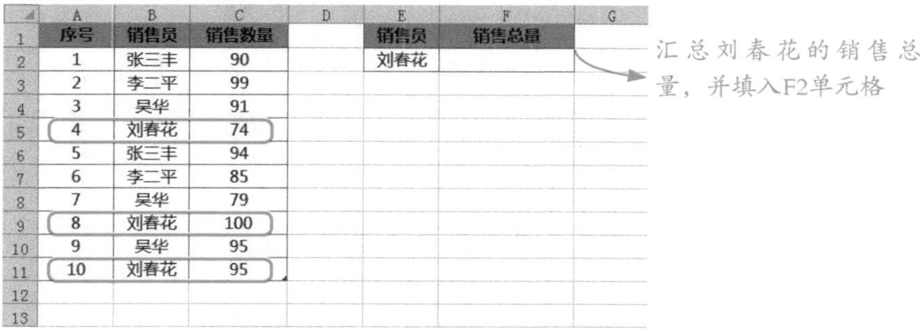

图 1-5　待汇总的销售明细表

求销售总量，直接相加即可，于是我直接在F2中输入公式：=C5+C9+C11，结果如图1-6所示。

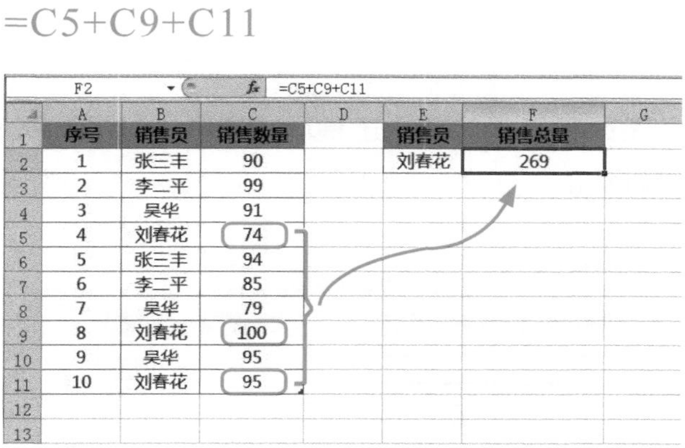

$$=C5+C9+C11$$

图 1-6　使用公式汇总销售总量

在很长一段时间里，我都认为，使用这样的公式解决问题理所当然，没有什么问题。直到有一天，我写出了如图 1-7所示的公式，也因此，我开始怀疑这种解决方式的有效性。

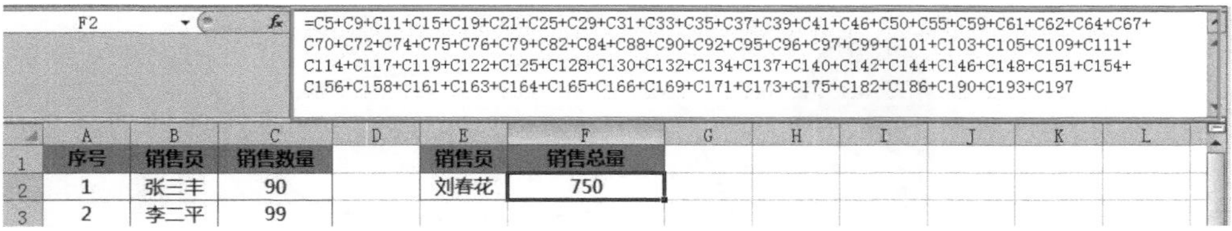

图 1-7　超长的求和公式

这么长的公式，如果输入时
小手一抖……那……

不易输入，容易出错，通用性差……一定存在更好的解决方式，我想。

于是，我开始带着问题到处求助，一位网友帮助了我，他给出了更合适的解决方法，如图 1-8 所示。

=SUMIF(B:B,E2,C:C)

	A	B	C	D	E	F	G	H	I
1	序号	销售员	销售数量		销售员	销售总量			
2	1	张三丰	90		刘春花	269			
3	2	李二平	99						
4	3	吴华	91						
5	4	刘春花	74						
6	5	张三丰	94						
7	6	李二平	85						
8	7	吴华	79						
9	8	刘春花	100						
10	9	吴华	95						
11	10	刘春花	95						

图 1-8　使用SUMIF函数按条件汇总数据

使用这个公式后，无论我修改信息，还是增减表中的记录，Excel都会自动更新计算结果。甚至，当我将"刘春花"更改为别的姓名，在公式不变的情况下，也能求出对应的结果，如图 1-9 所示。

	A	B	C	D	E	F	G
1	序号	销售员	销售数量		销售员	销售总量	
2	1	张三丰	90		李二平	184	
3	2	李二平	99				
4	3	吴华	91				
5	4	刘春花	74				
6	5	张三丰	94				
7	6	李二平	85				
8	7	吴华	79				
9	8	刘春花	100				
10	9	吴华	95				
11	10	刘春花	95				

图 1-9　改变求和条件后使用SUMIF函数汇总数据

我承认这是当时我见过的最牛X
的公式，没有之一。

于是，我开始认真学习SUMIF函数，也试着用它去编写不同的公式来解决更为复杂的问题，如图 1-10所示。

此公式使用SUMIF函数分别求出指定员工1月到12月的销售量，再将各个月的销售量相加得到最后的结果

分别统计每个销售员12个月的销售总量

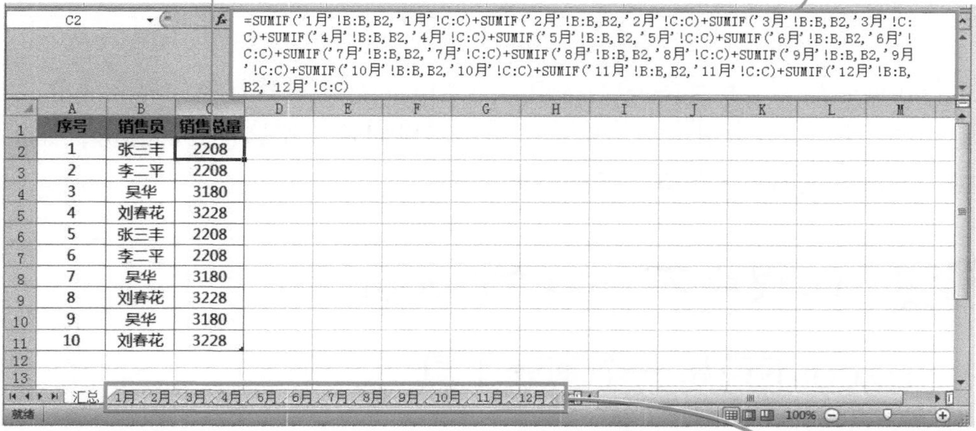

序号	销售员	销售总量
1	张三丰	2208
2	李二平	2208
3	吴华	3180
4	刘春花	3228
5	张三丰	2208
6	李二平	2208
7	吴华	3180
8	刘春花	3228
9	吴华	3180
10	刘春花	3228

图 1-10　使用SUMIF函数进行多表条件汇总

工作簿中共有12张结构相同的分表，分表中保存每个员工每个月的销售数量

我以为这个故事到这里就结束了，我也以为我彻底认识、了解SUMIF函数了。但是后来我才发现自己的这个想法多么滑稽，因为针对这个问题，我又见到了更牛的解决方案，如图 1-11所示。

```
=SUMPRODUCT(SUMIF(INDIRECT("'"&ROW($1:$12)&"月'!B:B"),B2,INDIRECT("'"&ROW($1:$12)&"月'!C:C")))
```

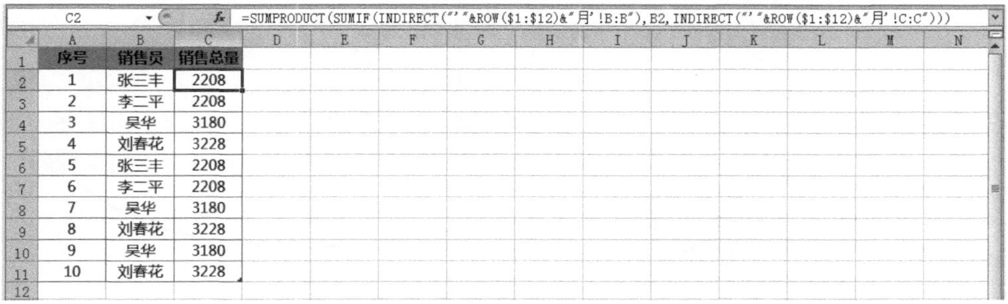

序号	销售员	销售总量
1	张三丰	2208
2	李二平	2208
3	吴华	3180
4	刘春花	3228
5	张三丰	2208
6	李二平	2208
7	吴华	3180
8	刘春花	3228
9	吴华	3180
10	刘春花	3228

图 1-11　使用公式进行多表条件汇总

这个公式彻底颠覆了我对Excel的认识，原来Excel并不是我想像的那么简单。

我也相信，每个Excel用户都一定有过一些不堪回首、啼笑皆非的经历，而正是因为当初发现了方法的陈旧，才会有了后来的高效。

第2节　你眼中不一样的Excel

1.2.1　Excel不只是一个画表工具

我曾经见过一张最牛的记分册，做得非常整洁、漂亮，如图1-12所示。

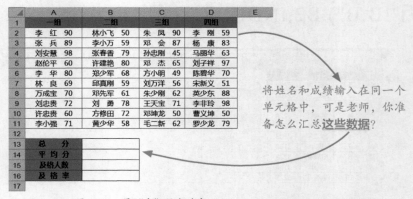

图1-12　最"牛"的成绩表

我很佩服这位老师勤劳苦干、甘为孺子牛的精神。

但也许他并不知道，Excel不只是一个画表工具，能做的也不仅仅只是绘制一张可供打印的表格而已。

Excel具有强大的数据运算与分析能力，除了可以方便地计算和汇总数据外，还可以轻松创建图表，使数据可视化，增强表现力，甚至可以使用VBA对Excel的功能进行拓展和二次开发。

也许他也不知道，为了便于数据处理，在使用Excel保存和管理数据时，也要讲究一定的规则和方法。

让我们来看看他的这张成绩表，在Excel里应该保存为什么样吧，如图 1-13所示。

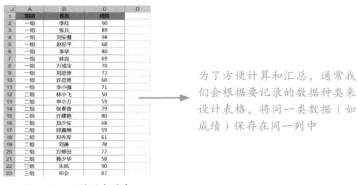

为了方便计算和汇总，通常我们会根据要记录的数据种类来设计表格，将同一类数据（如成绩）保存在同一列中

图 1-13　规范的成绩表

而至于需要呈现出来的汇总数据，如平均分、及格率等，可以设计在其他工作表或其他列中，这样就不会破坏保存数据的工作表区域，如图 1-14所示。

① 在其他工作表中汇总成绩

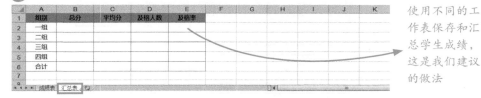

使用不同的工作表保存和汇总学生成绩，这是我们建议的做法

② 也可以在同一工作表的其他列汇总成绩

图 1-14　成绩汇总表

在这里，我们不再继续讨论如何汇总这张成绩表里的数据，在后面的内容中，我们会逐步向大家介绍类似问题的解决方法。

Excel的功能很多，很多Excel高手戏说，自己使用Excel多年，却没用上它全部功能的10%。我对10%这个数字的准确性不敢妄言，但我绝对相信：如果你掌握了Excel全部功能的10%，一定可以驰骋职场。

但无论Excel有多能干，制作一张规范的数据表，将有助于后期对数据的处理，如果像这位老师一样做成绩表，一定会对后续的数据汇总与分析带来许多麻烦。

1.2.2　Excel公式的优势是什么

在Excel的众多功能中，公式计算位于核心地位，众多的内置函数与强大的公式计算能力，使得Excel成为世界上最普及的数据运算工具。任何人都无法想象没有函数和公式的Excel是什么样子。

那么，Excel的公式究竟强在哪里呢？

● 计算准确，速度快捷

没有公式的Excel，就像一张供你设计表格框架的白纸，表格中需要的数据计算与汇总都需要你手动完成。

如图 1-15所示的问题，如果不使用Excel的公式，你会使用什么方法汇总这些数据？

预先并不知道有多少条记录，也不知道有多少个"刘春花"

序号	销售员	销售数量		销售员	销售总量	
1	张三丰	90		刘春花		
2	李二平	99				
3	吴华	91				
4	刘春花	74				
5	张三丰	94				
6	李二平	85				
7	吴华	79				
8	刘春花	100				
9	吴华	95				
10	刘春花	95				
11	张三丰	90				
12	李二平	99				
13	吴华	91				
14	刘春花	74				
15	张三丰	94				
16	李二平	85				
17	吴华	79				
18	刘春花	100				
19	吴华	95				
20	刘春花	95				

图 1-15　商品销售明细表

当有成千上万条记录时，要从这些记录中找到刘春花，再将其对应的销售数量相加，即使你用上最亲密的小伙伴——计算器，相信也一定是一个痛苦的过程。

如果这个问题再复杂一些，如图 1-16所示。

需要汇总多个销售员的销售总量，
如果手动完成，需要花多少时间？

▲	A	B	C	D	E	F	G
1	序号	销售员	销售数量		销售员	销售总量	
2	1	张三丰	90		刘春花		
3	2	李二平	99		李二平		
4	3	吴华	91		吴华		
5	4	刘春花	74		张三丰		
6	5	张三丰	94				
7	6	李二平	85				
8	7	吴华	79				
9	8	刘春花	100				

图 1-16　销售量汇总表

也许你能想出多种解决策略，但使用公式无疑是最简单的解决办法之一，如图 1-17所示。

=SUMIF(B:B,E2,C:C)

	F2	▼	(	f	=SUMIF(B:B,E2,C:C)		
▲	A	B	C	D	E	F	G
1	序号	销售员	销售数量		销售员	销售总量	
2	1	张三丰	90		刘春花	1345	
3	2	李二平	99		李二平	920	
4	3	吴华	91		吴华	1325	
5	4	刘春花	74		张三丰	920	
6	5	张三丰	94				
7	6	李二平	85				

图 1-17　使用公式按条件汇总销售量

只要在F2单元格中写入公式 "=SUMIF(B:B,E2,C:C)"，再将公式填充复制到F3:F5单元格中，所有的计算任务就完成了。如果录入的数据没有错误，无论你的数据有多少，公式计算的结果都一定是正确的。

如果你对SUMIF函数足够熟悉，我相信成功写入这个公式所花的时间不会超过10秒。如果没有公式，10秒的时间够你做什么呢？

● 修改联动，自动更新

对于先用人工计算，再将计算结果填入表格的情况，如果改变了参与计算的某个数据，就要重新对数据进行计算，再填入新的结果。

更改一次数据，就得重新计算一次，重算一次需要十分钟啊，实在伤不起。

如果使用Excel公式解决，这个烦恼就不存在了，因为当你修改数据后，公式会自动重新计算，并更新计算结果，如图 1-18所示。

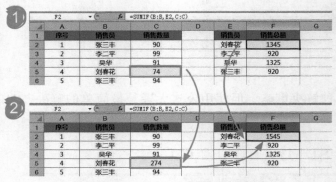

图 1-18　公式自动更新计算结果

操作简单，轻松易学

Excel的公式就像数学里的计算公式，每个公式解决一个问题。

对于一个问题，只要你找到解决它的思路，并按思路使用运算符，将各个数据或计算公式连接起来，就得到了解决问题的Excel公式。

对，就像在数学里解应用题一样。

可以说，学习Excel公式，不但起点低，而且简单易学。

正因为存在这些优势，Excel函数与公式才成为众多Excel用户学习的热门内容，备受欢迎。在Excel Home技术论坛的函数公式板块，每天都有近千篇新帖子讨论函数公式的用法。

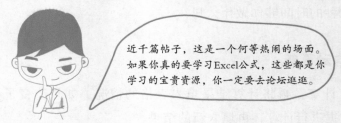

近千篇帖子，这是一个何等热闹的场面。如果你真的要学习Excel公式，这些都是你学习的宝贵资源，你一定要去论坛逛逛。

第3节　不会Excel的厨子不是好厨子

有数据的地方，就有Excel。

作为世界上最普及的数据运算工具，Excel已成为各行各业办公人员的必备工具。

> 我用Excel统计考勤、处理薪资……

> 作为一名会计，Excel就是我吃饭的家伙。

> 没有Excel，真不知道我的销售报表怎么做。

这是一个数字时代，有人的地方就有数据，有数据的地方就需要处理、加工和分析，所以Excel才显得那么重要。

有人问："我只是一个食堂的厨子，难道我也得用Excel吗？"

一个传统的厨子，的确只需要把饭菜做好就行。如果这个厨子是在食堂干活，那么他可能还需要提前把每周的菜谱写出来，公示在墙上，如图1-19所示。

图1-19　黑板上的手写菜单

这可是一件麻烦的体力活，但如果他会最基本的Excel操作，就不必手写了。想必Excel做出来的菜谱一定比手写的漂亮，而且想打印几份就打印几份，如图1-20所示。

本周菜谱

餐次	周一	周二	周三	周四	周五
早餐	牛奶	豆浆	牛奶	鸡蛋	鸡蛋
	鸡蛋	鸡蛋	花生米	豌豆杂酱面	馄饨
	花卷	酱香包子	鲜肉包子		
中餐	土豆牛腩	辣子鸡丁	青椒肉丝	黄豆焖鸭块	红烧耗儿鱼
	芙蓉蛋	凉拌茄子	三鲜豆腐	炒时蔬	芙蓉蛋
	蒜香四季豆	糖醋白菜	炒空心菜	凉拌豆腐干	青椒土豆丝
	小菜血旺汤	三鲜汤	海带鸭子汤	莲藕排骨汤	番茄鸡蛋汤
晚餐	回锅肉	木耳炒肉丝	芋儿鸡	鱼香肉丝	水煮腰片
	炒时蔬	麻婆豆腐	炒莴笋	炒红豆	肉沫茄子
	炒红薯	凉拌黄瓜	炒鸡蛋	凉拌粉丝	麻婆豆腐
	番茄丸子汤	紫菜汤	南瓜绿豆汤	豆芽白菜汤	冬瓜汤

图1-20　使用Excel打印的菜单

如果他再懂点营养学，那么他的菜谱可能是这个样子的，如图1-21所示。

本周菜谱

餐次	周一		周二		周三		周四		周五	
	菜名	主要营养	菜名	主要营养	菜名	主要营养	菜名	主要营养	菜名	营养成份
早餐	牛奶	热量和钙	豆浆	植物蛋白	牛奶	蛋白、钙	鸡蛋	蛋白质	鸡蛋	碳水化合物
	鸡蛋	优秀蛋白质	鸡蛋	钙、磷、硒	花生米	蛋白、钾及硒	豌豆杂酱面	维生素C	馄饨	蛋白质
	花卷	碳水化合物	酱香包子	铁、钾、镁	鲜肉包子					维生素和脂肪
中餐	土豆牛腩	氨基酸	辣子鸡丁	蛋白质	青椒肉丝	维生素C	黄豆焖鸭块	蛋白质	红烧耗儿鱼	硒、磷
	芙蓉蛋	蛋白质	凉拌茄子	钾、胡萝卜素	三鲜豆腐	蛋白质	炒时蔬	膳纤	芙蓉蛋	蛋白质
	蒜香四季豆	钾	糖醋白菜	维生素A	炒空心菜	钙	凉拌豆腐干	蛋白质	青椒土豆丝	维生素
	小菜血旺汤	胡萝卜素	三鲜汤	钠	海带鸭子汤	钙	莲藕排骨汤	铁、钾	番茄鸡蛋汤	磷、钙
晚餐	回锅肉	蛋白质	木耳炒肉丝	胡萝卜素	芋儿鸡	蛋白质	鱼香肉丝	蛋白质	水煮腰片	碳水化合物
	炒时蔬	脂肪	麻婆豆腐	热量	炒莴笋	胡萝卜素	炒红豆	脂肪	肉沫茄子	维生素A
	炒红薯	维生素	凉拌黄瓜	碳水化合物	炒鸡蛋	钙、蛋白	凉拌粉丝	碳水化合物	麻婆豆腐	维生素A
	番茄丸子汤	热量	紫菜汤	维生素	南瓜绿豆汤	维生素A	豆芽白菜汤	钙、钾	冬瓜汤	叶酸

图1-21　带营养成分的菜单

如果他再有些管理才能，那么他可以用Excel从菜谱直接推算每天的食材需求量，制定采购计划，如图1-22所示。

星期一食谱

餐次	食物名称	所需食材	
早餐	面包	面粉120g	牛奶250g
	水煮蛋	鸡蛋70g	
	鲜牛奶		
午餐	米饭	大米170g	植物油3g
	素炒黄豆芽	蘑菇50g	黄豆芽100g
	鲜菇炒肉片	猪肉50g	植物油3g
晚餐	米饭	大米150g	韭菜25g
	蒸猪肉	猪肉25g	豆类30g
	素炒扁豆	扁豆25g	
	韭菜豆腐汤		

图1-22　带食材耗量的食谱

好了，现在你知道一个厨子会与不会Excel的差别了吧……

第2章 公式到底是什么

拿到一个公式，也许你会从中发现一些陌生的符号，甚至听不懂别人对公式的解释。此时，你不用羡慕别人的高深莫测，更不必觉得自己菜到极点。

在学习新知识的过程中，总会遇到一些弄不明白的问题，而静下心来弄懂每一个问题的过程，都是绝佳的进步途径。正如你不知道乘法口诀就看不懂乘法算式一样，我们对公式感到陌生，是因为我们对公式的组成要素不够了解。

所以，为了消除学习过程中遇到的障碍，很有必要先来学习最基础的"乘法口诀"。

当然，你不必对本章提到的每个知识点都仔细咀嚼，使其全部消化，甚至，你可以先概览一遍，掌握一些基础的信息，待遇到疑惑时，再回过头来细致学习。

第1节 什么是Excel公式

2.1.1 公式，就是别样的数学运算式

我第一次接触"公式"这个概念是在数学课上。

长方形的周长＝（长+宽）×2

老师说：长方形的长是5，宽为3，它的周长等于(5+3)×2，(长+宽)×2是计算这个长方形周长的公式。

听完后，我似有所悟，拿起笔，在纸上写下1+2+3+4+5，问："老师，这也是公式吗？"

"当然是公式，这是计算1到5的自然数和的公式。"

于是，我明白了：公式就是对某个计算方法的描述，是为了解决某个计算问题而设定的计算式。

对你设定的某个公式，Excel会按你设定的规则自动计算它。如当你在工作表的A1单元格输入"=1+2+3+4+5"，按<Enter>键后，就可以在该单元格中计算出1到5的自然数之和，如图 2-1 所示。

按<Enter>键

图 2-1　在单元格中输入公式

这个操作中输入的"=1+2+3+4+5"就是一个完整的Excel公式，15是公式的计算结果。

在Excel中，所有以英文半角等号开头，为完成某个任务而设定的计算式都是公式。

公式通常写在单元格中，由等号和计算式两部分组成。公式能自动完成设定的计算，并在其所在单元格返回计算结果。

2.1.2　公式的分类

Excel中的公式分为普通公式、数组公式和命名公式（定义为名称的公式），现在你不必急于知道如何区分它们，甚至可以忽略这种分类，必要的时候，我们会对此进行详细介绍。

第2节　怎样在Excel中使用公式

2.2.1　在单元格中输入公式

在一个单元格中输入公式，只需要3个步骤，如图 2-2所示。

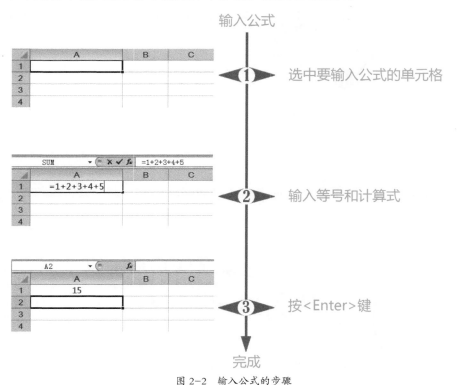

图 2-2　输入公式的步骤

你可以按同样的方法，在任意一个单元格中输入任意公式。输入后，就可以在单元格中看到公式的结果了，快去试试吧。

2.2.2　编辑已有的公式

如果要重新编辑或修改单元格中已有的公式，可以选中公式所在的单元格，在【编辑栏】中修改它，如图 2-3所示。

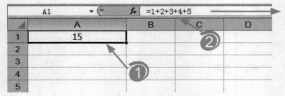

这里就是【编辑栏】，在【编辑栏】中可以看到当前活动单元格中的公式或数据

图 2-3　在编辑栏中修改公式

也可以双击公式所在的单元格，进入单元格的编辑模式，对公式进行修改，如图 2-4所示。

将光标定位到单元格中后，就可以修改它了

图 2-4　在单元格中修改公式

> **注意**
>
> 　　虽然可以直接将数据写在公式中参与计算，但如果需要更改其中的某个数据，就需要重新设置所有相关的公式，这会给我们带来许多麻烦。因此，最好将需要计算的数据保存在单元格中，再在公式中引用该单元格参与公式计算。这样，当需要修改参与计算的某个数据时，只需要更改该单元格中的数据即可，不用重新设置和编辑公式，这是管理数据的一个好习惯，你一定要养成。

2.2.3　复制公式到其他单元格

　　有时，表格中多个单元格所需公式的计算规则是完全相同的，如图 2-5 所示。

在E2中使用公式"=SUM（B2:D2）"求B2、C2、D2的数据之和，即第2行记录成绩的总分

E3:E5中求总分的方式与E2中求总分的方式完全相同，都是求同一行B、C、D列三个单元格的数据之和

图 2-5　成绩表

　　对于这类问题，你不用逐个为这些单元格设置公式，可以使用【复制】功能将已设置的公式复制到其他单元格中。

Step 1：复制公式所在单元格，如图 2-6 所示。

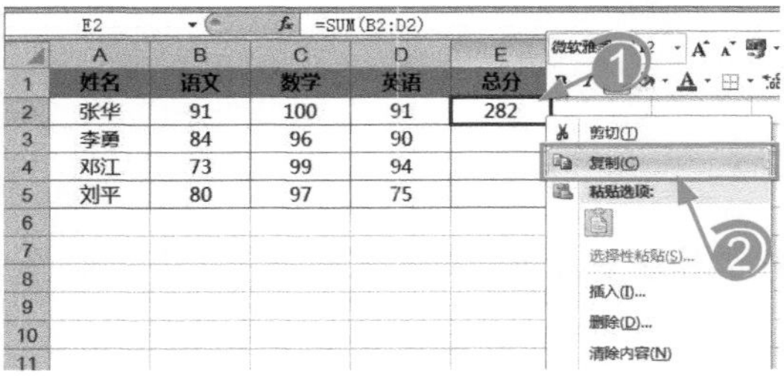

右键单击公式所在的单元格，选择【复制】命令

图 2-6　复制公式

Step 2：粘贴公式到目标单元格中，如图 2-7所示。

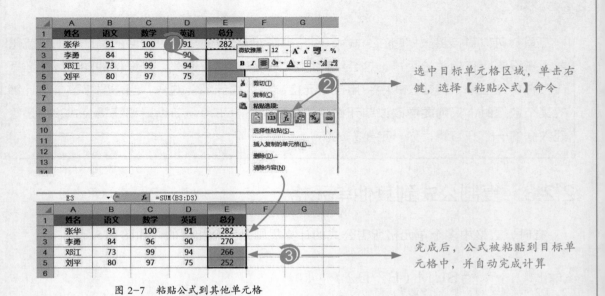

图 2-7　粘贴公式到其他单元格

这样粘贴到其他单元格的公式会自动修改其中的单元格引用，如图 2-8所示。

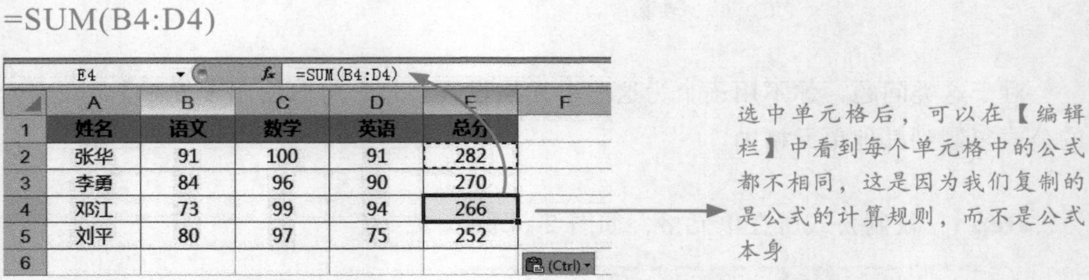

=SUM(B4:D4)

图 2-8　粘贴公式后的单元格

除直接复制之外，【填充】是另一种常用且更方便的复制公式的方法，操作步骤如图 2-9所示。

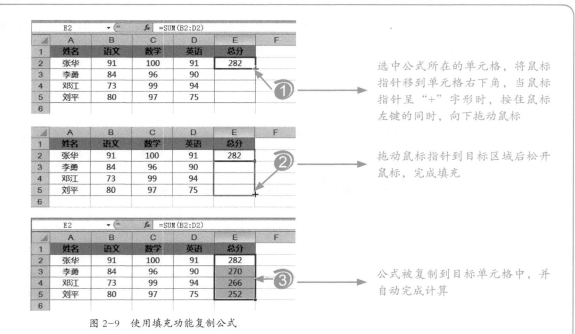

图 2-9 使用填充功能复制公式

需要提醒一点，使用此方法复制的只是公式的计算规则，而并非公式本身。如果你想复制公式本身，可以选中公式所在单元格，在【编辑栏】中选择并复制公式。

2.2.4 为什么公式不计算了

某天早晨，焦急的电话声将我从睡梦中惊醒。

一位朋友向我求助：在如图2-10所示的工作表中，根据B、C列上、下半年的工资收入，在D列求某职工全年的工资收入，数据很多，他希望能用一个公式批量解决。

在D列求同一行B、C两列数据的和

	A	B	C	D	E
1	姓名	上半年工资收入（元）	下半年工资收入（元）	全年工资收入（元）	
2	张华平	18407	25450		
3	赵子华	29018	26279		
4	刘芳芳	17373	21008		
5	邓丽	27939	19871		
6	石开秀	18427	15128		
7	张桂芝	28147	26746		
8	王华	18326	28976		
9	罗兴友	22539	19732		
10	郑花花	24859	27261		
11	方海燕	15198	24219		
12					

图 2-10 工资表

　　这是一个简单到极点的求和问题，没有任何难度。于是，我告诉他：在D2输入"=B2+C2"，按<Enter>键，向下填充公式即可。

=B2+C2 —————→ 输入一个这样的公式，对所有人来说都不是难题吧?

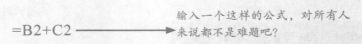

	A	B	C	D	E
1	姓名	上半年工资收入（元）	下半年工资收入（元）	全年工资收入（元）	
2	张华平	18407	25450	43857	
3	赵子华	29018	26279		

图 2-11　工资表

　　讲完后，我挂了电话继续睡觉。

　　我想：就算他是Excel小白，有了公式后，一定也能解决问题了。可是，我没想到他居然是个超级小白。因为电话再次响起……

　　"公式不对，错的。"

　　"不可能啊，怎么错了？"我感到不可思议。

　　"就是错的。"他似乎也说不清楚错在哪里，为什么出错。

　　……

接下来就是枯燥无聊的问与答，在他表达不清的情况下，我花了近十分钟才弄清楚，原来他说的错，是单元格中显示的是公式本身，而不是公式的计算结果，如图 2-12 所示。

	A	B	C	D	E
1	姓名	上半年工资收入（元）	下半年工资收入（元）	全年工资收入（元）	
2	张华平	18407	25450	=B2+C2	
3	赵子华	29018	26279		
4	刘芳芳	17373	21008		
5	邓丽	27939	19871		
6	石开秀	18427	15128		
7	张桂芝	28147	26746		
8	王华	18326	28976		
9	罗兴友	22539	19732		
10	郑花花	24859	27261		
11	方海燕	15198	24219		
12					

在单元格中输入公式后，公式为什么不计算？为什么？

图 2-12　不会计算的公式

事实上，这并不是公式出错。

通常情况下，公式不计算，是因为输入公式的单元格被设置为"文本"格式。

如果一个单元格被设置为"文本"格式，Excel会将输入到其中的内容保存为文本，即：你输入什么，就保存什么，显示什么。

你以为你录入的是公式，它却以为你录入的是文本，只是一串普通的字符。

被存储为文本格式的"公式"，在Excel的眼中，与"我爱Excel"这句话本质上毫无区别，所以，Excel不会自动计算你输入的"=B2+C2"。

我又花了十多分钟的时间给他解释产生这种错误的原因，并教给他解决问题的方法。

● 更改单元格的格式

如果公式不计算的原因是单元格被设置成了"文本"格式，那只需将单元格设置为默认的"常规"格式，再双击鼠标激活单元格的编辑模式，最后按<Enter>键确认即可，如图 2-13 所示。

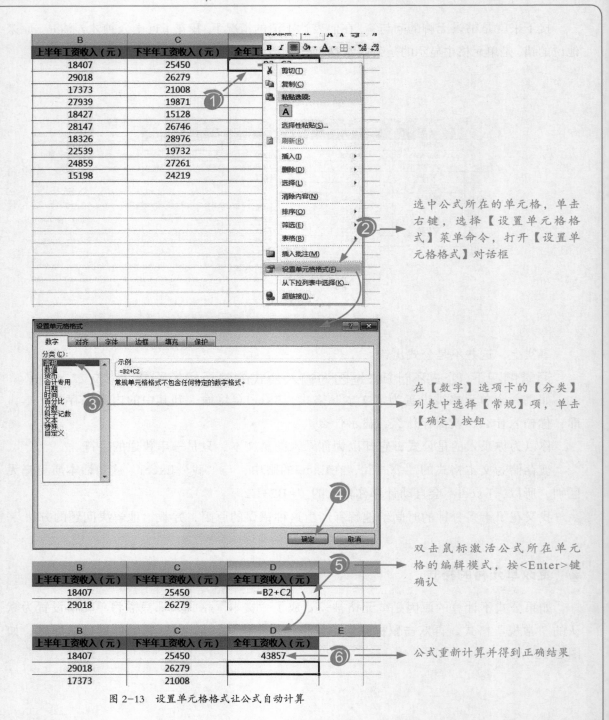

选中公式所在的单元格,单击右键,选择【设置单元格格式】菜单命令,打开【设置单元格格式】对话框

在【数字】选项卡的【分类】列表中选择【常规】项,单击【确定】按钮

双击鼠标激活公式所在单元格的编辑模式,按<Enter>键确认

公式重新计算并得到正确结果

图 2-13 设置单元格格式让公式自动计算

设置单元格格式,也可以在【功能区】的【开始】选项卡中完成,如图 2-14所示。

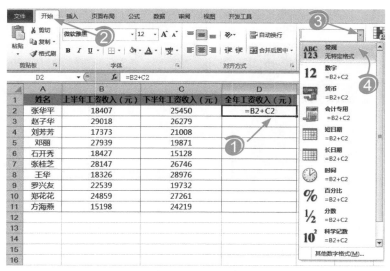

图 2-14　在功能区中设置单元格格式

更改单元格格式后，只有对单元格重新编辑并确认，才能更改该单元格已有内容的数据类型，这也是为什么需要图 2-13中步骤5的原因。

重新编辑单元格没问题，但如果要更改格式的单元格有1000个，需要依次重新编辑这1000个单元格吗？一定还有更简单的办法吧？

如果同一列的单元格中使用的是相同的公式，可以只设置其中一个单元格（通常为最左上角的单元格）格式为"常规"，在其中输入公式后，使用【填充】或【复制】的方法将公式及单元格格式复制到其他单元格中，而不用逐个更改。但如果单元格中已经输入了不会自动计算的"公式"，且这些公式并不完全相同，那使用"分列"命令就是一种简单的解决办法。

Step 1：选中整列，在功能区的【数据】选项卡中执行【分列】命令，打开【文本分列向导】对话框，如图 2-15所示。

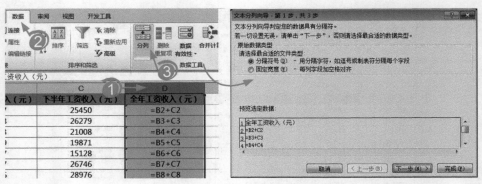

图2-15　使用分列修改数据格式

Step 2：单击对话框中的【下一步】按钮，在第2步的窗口中撤选【分隔符号】各项前的复选框，单击【下一步】按钮，如图2-16所示。

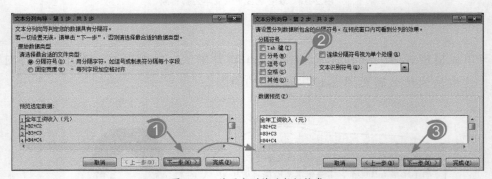

图2-16　使用分列修改数据格式

Step 3：在第3步的窗口中设置【列数据格式】为【常规】，单击【完成】按钮，该列的所有公式就都能自动计算了，如图2-17所示。

B	C	D	E
上半年工资收入（元）	下半年工资收入（元）	全年工资收入（元）	
18407	25450	43857	
29018	26279	55297	
17373	21008	38381	
27939	19871	47810	
18427	15128	33555	
28147	26746	54893	
18326	28976	47302	
22539	19732	42271	
24859	27261	52120	
15198	24219	39417	

图2-17　使用分列修改数据格式

借助"查找和替换"让公式正常计算

如果不计算的公式分布在多列，借助"查找和替换"让公式重新计算会更方便。

Step 1：选中公式所在区域，依次选择【开始】→【查找和选择】→【替换】命令打开【查找和替换】对话框。

Step 2：分别在对话框的【查找内容】和【替换为】文字框中输入"="，单击【全部替换】按钮，即可让公式正常计算，如图 2-18 所示。

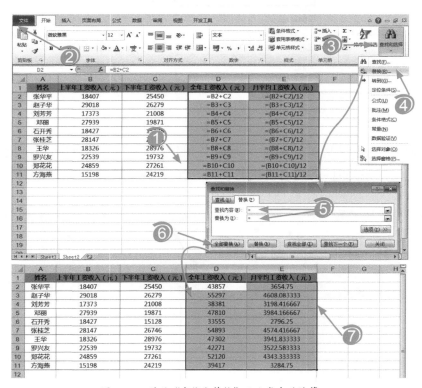

图 2-18 借助"查找和替换"让公式自动计算

2.2.5 切换显示公式和公式结果

我明明更改了单元格格式，为什么单元格中仍然显示公式本身，而不显示公式结果？这是怎么回事？

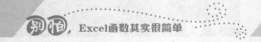

你也可能会遇到这种情况，无论你怎么更改单元格格式，公式仍然不会计算，如图2-19所示。

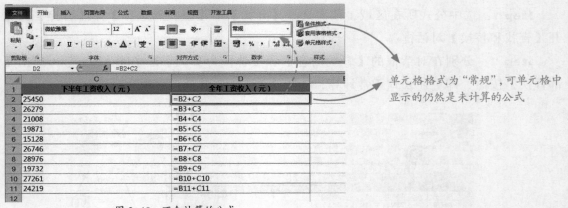

单元格格式为"常规"，可单元格中显示的仍然是未计算的公式

图 2-19　不会计算的公式

出现这种情况，也许是在工作表中设置了"显示公式"。你可以选择【公式】→【显示公式】命令，或按<Ctrl+~>组合键进行切换，如图 2-20所示。

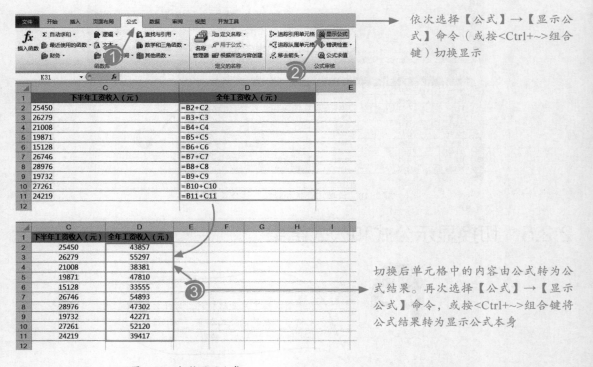

依次选择【公式】→【显示公式】命令（或按<Ctrl+~>组合键）切换显示

切换后单元格中的内容由公式转为公式结果。再次选择【公式】→【显示公式】命令，或按<Ctrl+~>组合键将公式结果转为显示公式本身

图 2-20　切换显示公式

第3节　公式的组成与结构

一个Excel的公式由哪几部分组成？让我们借助如图 2-21所示的公式，一起来研究研究。

这是一个从15位或18位身份证号中提取出生日期的通用公式，但现在15位的身份证号已经停止使用了。如果你还会遇到处理15位身份证号的情况，可以收藏它

=TEXT(1*TEXT(MID(A2,7,LEN(A2)/2.2),"0-00-00"),"yyyy-mm-dd")

	B2　　▼	fx	=TEXT(1*TEXT(MID(A2, 7, LEN(A2)/2.2), "0-00-00"), "yyyy-mm-dd")						
	A	B	C	D	E	F	G	H
1	身份证号	出生日期						
2	520181199712245222	1997-12-24						
3	520181760708522	1976-07-08						
4	520181199802205224	1998-02-20						
5	520181720810522	1972-08-10						
6	520181199603145222	1996-03-14						
7	520181199802065225	1998-02-06						
8	520181199707201794	1997-07-20						
9	522526681018125	1968-10-18						
10	520181199508085225	1995-08-08						
11	520181199803105233	1998-03-10						
12								

图 2-21　从身份证号中提取出生日期

看似很长、很复杂的一个公式，仔细看来，其实没有包含太复杂的东西。

❶ 提到公式，一定不能缺少等号。

等号，所有公式都以它开头，是公式中**必不可少**的部分

=TEXT(1*TEXT(MID(A2,7,LEN(A2)/2.2),"0-00-00"),"yyyy-mm-dd")

❷ 执行运算，可能会用到的各种运算符。

*和/是公式中的**运算符**，用于指定要执行的运算类型

=TEXT(1*TEXT(MID(A2,7,LEN(A2)/2.2),"0-00-00"),"yyyy-mm-dd")

❸ 参与计算的数据，可以是单元格引用，也可以是数据常量。

A2是单元格引用，用来
指定参与计算的数据

=TEXT(1*TEXT(MID(A2,7,LEN(A2)/2.2),"0-00-00"),"yyyy-mm-dd")

1、7、2.2、"0-00-00" 等这些在公式计
算过程中不会改变的数据，称为常量。文本常量
必须写在英文半角的双引号中

=TEXT(1*TEXT(MID(A2,7,LEN(A2)/2.2),"0-00-00"),"yyyy-mm-dd")

❹ 对一些特殊、复杂的运算，使用函数会更简单。

TEXT、MID和LEN都是函数，一个函数完成一个特定的计算

=TEXT(1*TEXT(MID(A2,7,LEN(A2)/2.2),"0-00-00"),"yyyy-mm-dd")

❺ 每个函数后都会跟一个括号，用于设置函数参数，当函数有多个参数时，使用
逗号将它们隔开。

所有的逗号都是函数参数的分隔符

=TEXT(1*TEXT(MID(A2,7,LEN(A2)/2.2),"0-00-00"),"yyyy-mm-dd")

如表 2-1 所示，列举了一些常见的公式，可以帮助你进一步了解公式的组成。

表 2-1　公式及其组成

公式	公式的组成
=(20+50)/2	等号、常量、运算符
=A1+B2	等号、单元格引用、运算符
=SUM(A1:A100)/6	等号、单元格引用、运算符、常量
=D1	等号、单元格引用
=A1&"位"	等号、单元格引用、运算符、常量

每个 Excel 公式必须以等号开头，可能包含运算符、常量（数值、文本、日期等）、单元格引用、名称、函数等内容。

对其中相关的各个组成要素，我们会在后面的内容中详细向大家进行介绍。

第4节　Excel中的数据

2.4.1　数据就是被保存下来的信息

我们一直在说，Excel 是用于数据管理和数据分析的软件，但什么是数据呢？

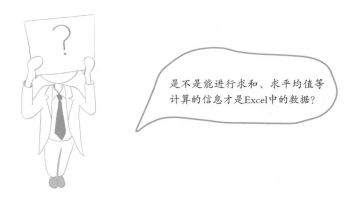

> 是不是能进行求和、求平均值等计算的信息才是 Excel 中的数据？

图中问题的答案当然是否定的。

其实数据包含的远远不止这些，在 Excel 中，所有保存在工作表中的信息都可以称为数据，无论这些信息是文字、字母还是数字，甚至一个标点符号，它们都是数据。

如图 2-22所示，你能看到的所有信息，都是数据，都是可以用Excel处理和分析的对象。

	A	B	C	D	E
1	姓名	上半年工资收入（元）	下半年工资收入（元）	全年工资收入（元）	
2	张华平	18407	25450	43857	
3	赵子华	29018	26279	55297	
4	刘芳芳	17373	21008	38381	
5	邓丽	27939	19871	47810	
6	石开秀	18427	15128	33555	
7	张桂芝	28147	26746	54893	
8	王华	18326	28976	47302	
9	罗兴友	22539	19732	42271	
10	郑花花	24859	27261	52120	
11	方海燕	15198	24219	39417	
12					

姓名是文字，不是可以求和的数值，但它也是Excel中的数据

图 2-22　工资表

2.4.2　不同的数据类型

正如可以将人分为男人和女人一样，我们可以将Excel中的数据按不同的特征进行分类，如图 2-23所示。

我们把这些都是文字信息的数据看成是一类

所有能进行加、减、乘、除等运算的数据是一类

日期与文字及其他数据都不相同，把它单独看成一类

图 2-23　不同的数据类型

Excel对保存在其中的数据有自己的分类标准，在它的世界中，数据只有文本、数值、日期和时间、逻辑值、错误值等5种类型，如图 2-24如示。

这些数据都是文本。文本就是文字信息，不能参与数学运算

数值就是可以进行数学运算的数据。需要进行数学运算的数据，都要保存为数值类型

错误值大多是因为Excel公式错误计算产生，共有8种

文本

姓名	张青艳
性别	女
身份证号	520181198607125223
联系电话	13984062135
职工编号	A000125

数值

单价（元）	25
销售数量（件）	30
销售金额（元）	750
增长率	8.50%
考核分数	98

错误值

#DIV/0!
#VALUE!
#N/A
#NUM!
#REF!
#NAME?
#NULL!
###########

日期

出生日期	1986/1/5
参加工作时间	2003年9月
当前日期	2013/2/18 11:21
上班签到时间	8:00
当前时间	11:21:41

逻辑值

是否团员	FALSE
是否少数民族	TRUE

图 2-24　不同的数据类型

逻辑值只有TRUE和FALSE两种，等同人类语言中的"是"和"否"

日期值和时间值都是日期类型的数据

提示

　　事实上，在Excel中，日期值和时间值都被存储为数值形式，它拥有数值所具有的一切运算功能。想了解日期型数据与数值之间的联系，可以阅读第7章第1节中的相关内容。

　　数据类型，是对同一类型的数据的总称。如数值是指那些可以直接用于数学运算的数字。

　　不同类型的数据，能进行的运算并不相同。如姓名是文本类型，不能参与数学里的加、减运算，但是可以对其进行合并、转换大小写、查找替换等运算。对不同类型的数据，Excel保存它的方式也不相同。所以，在Excel中录入数据时，应根据数据要执行的运算，将其保存为合适的数据类型，以方便后期对数据的处理。

身份证号"520181198607125223"全是由数字组成的，为什么是文本类型而不是数值类型？

数据是何种类型，不由其外观决定。所以，并不是所有由数字组成的数据都是数值类型。非数值类型的数字，不能直接使用SUM等函数对其进行数学运算，如图 2-25 所示。

使用SUM函数求和的结果是0，说明 A2:A5中的数据并没有参与求和运算

选中A2:A5后，可以在这里看到 它们保存的数据类型和格式

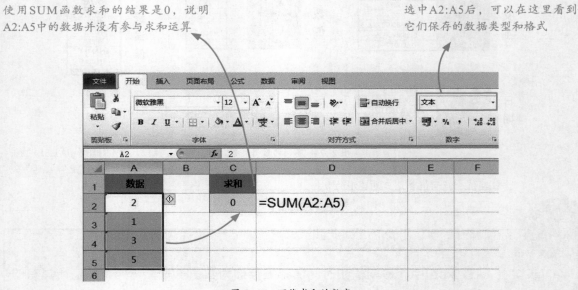

图 2-25　不能求和的数字

身份证号是文本类型，是因为我们在录入的时候刻意将它保存为文本格式。之所以这样做，一是因为身份证号不用参与数学运算，二是因为身份证号有18位，如果保存为数值格式，后3位的数字将会变为0，导致信息丢失，后者也是更为重要的原因，如图 2-26 所示。

选中单元格后，可以在这里看到 数据保存的格式

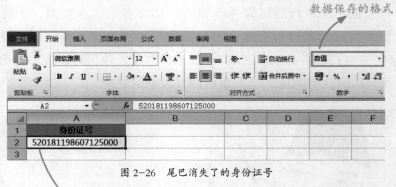

图 2-26　尾巴消失了的身份证号

如果号码是纯数字，当单元格格式为数值时，无论你录入什么，15位后 的数字都将显示为0，而且一旦显示为0后，将不能再通过设置格式恢复 原来的数据

　　出现这一现象，是因为Excel能处理数值的有效位数最多为15位。基于这个特性，对那些不需参与数学运算又特别长的数字信息，如身份证号、银行卡号，在Excel中，我们都将其保存为文本格式。

2.4.3　公式中的常量和变量

　　我们知道，圆的面积公式可以表示为：$S=\pi r^2$。

　　在公式"$=\pi r^2$"中，有两个参与计算的数据，圆的半径r和圆周率π。

　　其中圆的半径r会随着所求圆的改变而改变，是一个变化的数据，我们称它为变量；而不管求什么圆的面积，圆周率π都是一个固定的、不会变化的数据，我们称它为常量。

　　Excel公式中的常量和变量，如同数学公式里面的常量和变量，都是公式计算所需的数据。

● 常量就是不会变化的数据

　　常量是一个具体的数据，不会因为其他数据的改变而改变。

=SUM(A1,<u>5</u>)

本公式中的5就是一个数值类型的常量，无
论你改变哪个单元格中的数据，它的大小和
类型均不会发生改变

="<u>今天的日期是:</u>"&TEXT(TODAY(),"<u>yyyy-m-d</u>")

它们都是文本类型的常量。公
式中文本类型的常量必须写在
英文半角双引号中

　　通常，只有那些在计算过程中固定不变的数据，我们才会将其作为常量写到公式中。

● 变量就是一个可变的数据

变量就是一个可变的数据，就像圆面积公式里的半径r，在Excel的公式中，单元格引用、名称都可以视为变量。

=SUM($\underline{A1}$,5)

      ↓

    A1就是公式中的一个变量。
    公式中参与计算的数据，会随着A1中数据的变化而变
    化，A1保存的数据是几，参与公式计算的数据就是几

这个公式中的A1，只是一个数据的代号，这个代号本身并不是数据，它会随着其指向的数据本身的改变而改变。

正因为能在公式中使用变量，才让Excel的公式显得变化多端，奥妙无穷，才可以轻松解决许多复杂的问题。

如果你分辨不清变量和常量也没关系，你只要知道怎样在公式中引用单元格参与计算即可。

第5节　公式中的运算符

同数学里的运算符（＋、－、×、÷等）一样，Excel中的每个运算符都代表一种运算。

根据运算类型，Excel中的运算符可分为算术运算符、比较运算符、文本运算符和引用运算符。

2.5.1　算术运算符

算术运算符用于执行算术运算，包括加、减、乘、除、百分比、乘幂等，执行算术运算返回的结果只能是数值类型的数据，如表 2-2 所示。

表 2-2　Excel中的算术运算符

运算符	符号说明	公式举例	公式结果	等同的数学运算式
+	加号：进行加法运算	=5+3	8	5+3
	减号：进行减法运算	=8−2	6	8−2
−	负号：求相反数	=−5	−5	−5
		=−−8	8	−(−8)
*	乘号：进行乘法运算	=2*8	16	2×8
/	除号：进行除法运算	=8/2	4	$8\div2$
^	乘幂：进行乘方和开方运算	=2^3	8	2^3
		=2^−1	0.5	2^{-1}
		=9^(1/2)	3	$\sqrt{9}$
		=8^(1/3)	2	$\sqrt[3]{8}$
%	百分号：将一个数缩小100倍	=5%	0.05	$5\div100$

2.5.2　比较运算符

比较运算符用于比较两个数据是否相同，谁大谁小。

比较运算符包括=、<>、>、<、>=、<=等，执行比较运算返回的结果只能是逻辑值TRUE或FALSE，如表2-3所示。

表2-3 Excel中的比较运算符

运算符	符号说明	数学里的写法	公式举例	公式结果
=	等于：判断=左右两边的数据是否相等，如果相等返回TRUE，否则返回FALSE	=	=5=3	FALSE
			=8=2+6	TRUE
<>	不等于：判断<>左右两边的数据是否相等，如果不相等，返回TRUE，否则返回FALSE	≠	=5<>3	TRUE
			=5<>5	FALSE
>	大于：判断>左边的数据是否大于右边的数据，如果大于返回TRUE，否则返回FALSE	>	=-5>2	FALSE
			=8>2	TRUE
<	小于：判断<左边的数据是否小于右边的数据，如果小于返回TRUE，否则返回FALSE	<	=8<2	FALSE
			=0<7	TRUE
>=	大于等于：判断>=左边的数据是否大于或等于右边的数据，如果大于或等于返回TRUE，否则返回FALSE	≥	=9>=7	TRUE
			=5>=5	TRUE
			=4>=8	FALSE
<=	小于等于：判断<=左边的数据是否小于或等于右边的数据，如果小于或等于返回TRUE，否则返回FALSE	≤	=9<=10	TRUE
			=6<=6	TRUE
			=5<=2	FALSE

Excel中这么多种类型的数据？谁最大？谁最小？比较的规则是什么呢？

在Excel所有的数据类型中，数值最小，文本比数值大，最大的是逻辑值TRUE。其大小顺序如图 2-27所示。

文本类型的数据按首字符的拼音排序，排序规则与《新华字典》一致，从A、B、C开始至X、Y、Z结束。例如，在Excel中，文本"张"比"阿"大

······ -2 -1 0 1 ······ ······ A ······ Z ······ FALSE TRUE **大**

图 2-27 Excel中的数据大小

为什么没有日期和错误值？日期和错误值与其他数据相比，谁大谁小？

前面我们提过，日期属于数值，是数值的特殊显示样式，每一个日期都对应一个数值，数值23有多大，它对应的日期就有多大，而错误值本身就是一种错误的存在，它和谁进行运算，返回的值都是错误。

2.5.3　文本运算符

文本运算符只有一个：&。

文本类型的数据我们也将它称
为字符串或文本字符串。

&用于将两个数据合并为一个文本类型的数据，如图2-28所示。

你可以将&想象成一支隐形的胶水，使用它可以将&左右两边的内容粘成一个新内容，实现合二为一的目的

图 2-28　连接字符串

2.5.4　引用运算符

当在公式中引用一个单元格区域的时候，可能会用到引用运算符。

Excel公式中的引用运算符共有3个：冒号（：）、单个空格、逗号（,）。如表2-4所示，执行引用运算返回的结果是工作表中的单元格引用。

表2-4　Excel中的引用运算符

运算符	符号说明	公式举例	公式结果
:	冒号：返回分别以冒号左、右两边单元格为左上角和右下角的矩形区域，这是最为常用，也是大家最为熟悉的运算符	B2:E6	返回以B2为左上角，E6为右下角的矩形区域，如图2-29所示
空格	单个空格：返回空格左、右两边的单元格引用的交叉区域	(A4:E5 B2:C10)	返回A4:E5和B2:C10交叉的区域，即两个区域的公共区域，如图2-30所示
,	逗号：返回逗号左、右两边的单元格引用的合并区域	(B3:B5, D6:D7)	返回B3:B5和D6:D7两个不连续区域组成的合并区域，如图2-31所示

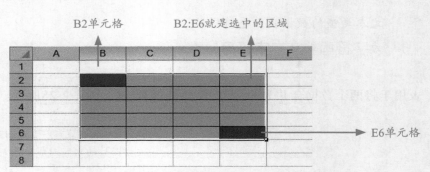

B2单元格　　　　B2:E6就是选中的区域

E6单元格

图 2-29　B2:E6引用的区域

(A4:E5 B2:C10)返回的就是A4:E5和B2:C10两个区域的公共区域，即B4:C5

A4:E5单元格

B2:C10单元格

图 2-30　(A4:E5 B2:C10)引用的区域

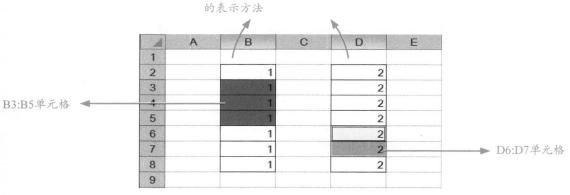

图 2-31 (B3:B5,D6:D7)引用的区域

第6节 在公式中引用单元格

2.6.1 引用单元格就是指明数据保存的位置

数据保存在单元格中,编写公式时,经常需要让这些数据参与公式计算,这就需要告诉公式,你要参与计算的数据保存在工作表中的什么位置。

而指定数据的位置,就同在直角坐标系中表示点的位置一样,如图 2-32所示。

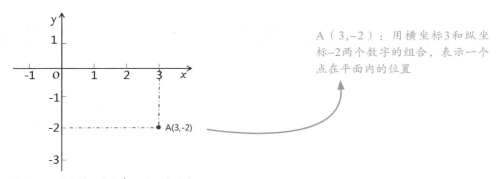

图 2-32 通过横纵坐标表示平面内的点

就像是横坐标和纵坐标,你至少需要两个指标才能清楚地描述一个点在坐标系中的具体位置。

如果你仔细观察,就会发现Excel的工作表其实就是一个只有第四象限的平面直角坐标系,如图 2-33所示。

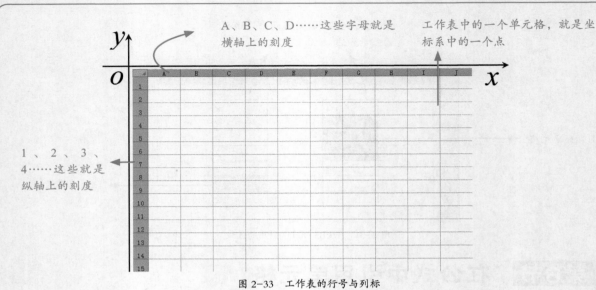

A、B、C、D……这些字母就是横轴上的刻度

工作表中的一个单元格，就是坐标系中的一个点

1、2、3、4……这些就是纵轴上的刻度

图 2-33 工作表的行号与列标

要表示其中的任意一个单元格，只需仿照在坐标系中表示某个点位置的方法，写清单元格所在位置的横、纵坐标即可。

在Excel中，单元格的横、纵坐标，我们称为列标和行号，如图 2-34所示。

数字1、2、3……是单元格的行号

字母A、B、C……是单元格的列标

F是它下方的所有单元格的列标，我们将这列称为F列。单击F可以快速选中整列

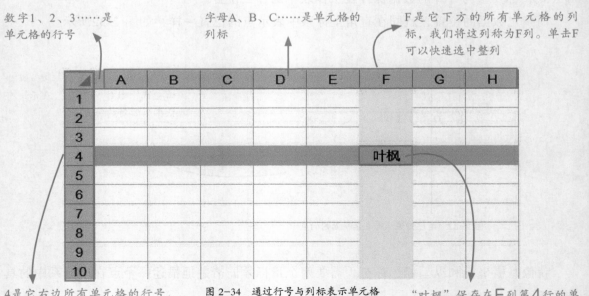

图 2-34 通过行号与列标表示单元格

4是它右边所有单元格的行号，我们将这行所有的单元格称为第4行。单击4可以快速选中它们

"叶枫"保存在F列第4行的单元格，我们用列标F和行号4的组合，表示这个单元格：F4

F4就是保存"叶枫"的单元格的地址，地址由列标和行号两部分组成。

当Excel公式收到你写入的单元格地址后，会自动通过列标和行号去寻找对应的单元格，然后引用单元格中的数据参与公式计算。

2.6.2　不同的单元格引用样式

引用单元格，就是用Excel的语言表示单元格的地址，正如汉字有简体和繁体一样，单元格地址有A1和R1C1两种样式。

◉ A1引用样式

A1样式，就是将单元格地址写成类似"A1"的样子，如D3、B100、M23等。

A1样式的单元格地址由列标（字母）和行号（数字）两部分组成，表示列标的字母在前，表示行号的数字在后。

任何一个单元格地址都可以写成A1样式，如B列的第10个单元格表示为B10，D列的第3个单元格表示为D3，如图 2-35所示。

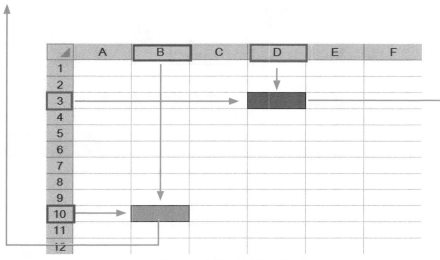

图 2-35　使用A1样式引用单元格

R1C1引用样式

R1C1引用样式就是将单元格地址写成类似"R1C1"的样子。

默认情况下，Excel都是使用A1引用样式，你可以按如图 2-36所示的步骤切换到R1C1引用样式。

依次选择【文件】→【选项】命令打开【Excel选项】对话框

在【公式】选项卡中，勾选【R1C1引用样式】复选框

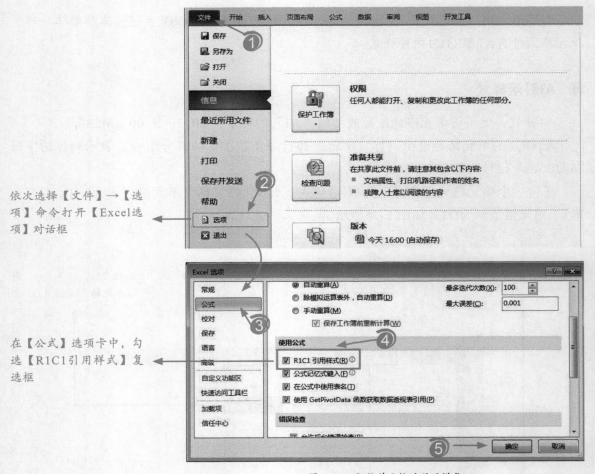

图 2-36　切换单元格的引用样式

在A1引用样式下，列标使用字母表示，而在R1C1引用样式下，列标将显示为数字，如图 2-37所示。

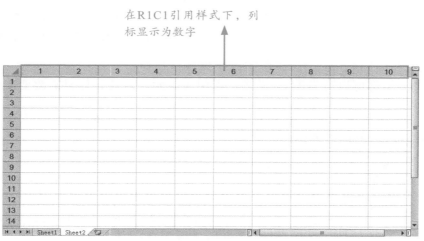

在R1C1引用样式下，列标显示为数字

图 2-37　R1C1引用样式下的列标

当切换为R1C1引用样式后，不能继续使用A1样式的单元格地址引用单元格，如图2-38所示。

=A1

在单元格中输入公式"=A1"，确认输入后，不是返回A1的值，而是返回错误"#NAME?"，这是因为Excel不认识"A1"这个单元格地址

图 2-38　在R1C1引用样式下使用A1样式引用单元格

不能使用A1样式的地址，那R1C1引用样式的单元格地址应该怎样表示？

R1C1样式的单元格地址也由行号和列标两部分组成：R1和C1。其中R1表示第1行，是Row 1的缩写；C1表示第1列，是Column 1的缩写。R1C1表示第1行和第1列交叉的单元格，即A1单元格。

任意的单元格都可以写为R1C1样式，不同的单元格地址，你只需改变R或C后面的数字即可。

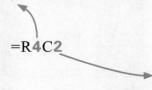

4表示引用的是第4行的单元格，如果想引用其他行
的单元格，就将4改为对应的行号即可

=R4C2

2表示引用的是第2列的单元格，如果想引用第5列的
单元格，则将2改为5即可

使用R4C2引用单元格的效果如图 2-39所示。

=R4C2

	1	2	3	4	5
1					
2				ExcelHome	
3					
4		ExcelHome			
5					
6					

R2C4   fx =R4C2

图 2-39　使用R1C1样式引用单元格

注意

任何一个单元格地址都可以写成A1和R1C1引用样式，当你在【Excel选项】对话框中切换引用样式后，已有公式中的单元格引用会自动进行转换。

尽管可以使用两种引用样式中的任意一种来引用单元格，但通常情况下，我们更习惯使用A1样式，R1C1引用样式只在一些特殊问题中才会用到。因此，我们在后面的章节中将不再继续对R1C1引用进行介绍。

2.6.3　相对引用和绝对引用

使用相对引用的单元格地址

在公式中，所有类似 "A1" 的单元格地址都是相对引用，如B2、C19、M100等，使用相对引用的单元格地址除了行号和列标外，没有其他字符。

如果在公式中使用相对引用的单元格地址，那引用的是相对于公式所在单元格的某个位置的单元格，如图 2-40所示。

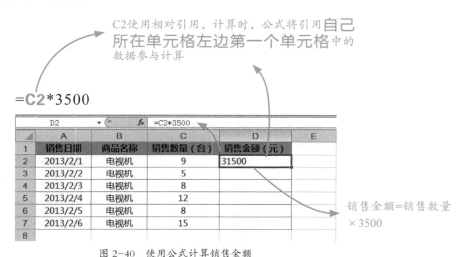

图 2-40　使用公式计算销售金额

"自己左边的第一个单元格"，这是公式记住的引用目标的位置。

无论你将公式复制到哪里，新公式都始终引用自己所在单元格左边第一个单元格中的数据参与公式计算，如图 2-41、图 2-42所示。

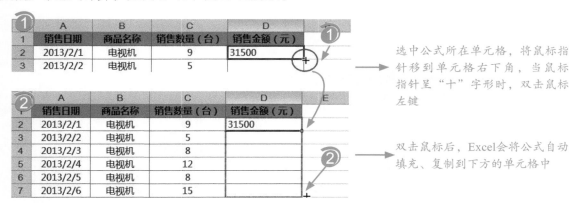

图 2-41　使用自动填充复制公式

D5左边的第1个单元格是C5，为了保证始终引用到
公式左边第1个单元格的数据，原公式中的单元格地
址会自动切换为对应的单元格地址

=**C5***3500

	A	B	C	D	E
	D5			fx	=C5*3500	
1	销售日期	商品名称	销售数量（台）	销售金额（元）	
2	2013/2/1	电视机	9	31500	
3	2013/2/2	电视机	5	17500	
4	2013/2/3	电视机	8	28000	
5	2013/2/4	电视机	12	42000	
6	2013/2/5	电视机	8	28000	
7	2013/2/6	电视机	15	52500	
8					

通过复制得到的所有公式，都是
引用自己左边第一个单元格的数
据参与公式计算

图 2-42　复制得到的公式会自动切换引用的地址

使用相对引用的单元格，就像灯光下的影
子一样，你的位置改变，影子的位置也会随
之改变，如图 2-43、图 2-44所示。

	A	B	C	D	E
1	销售日期	商品名称	销售数量（台）	销售金额（元）	
2	2013/2/1	电视机	9	=C2*3500	
3	2013/2/2	电视机			
4	2013/2/3	电视机			
5	2013/2/4	电视机			
6	2013/2/5	电视机			
7	2013/2/6	电视机	15	=C7*3500	

公式所在单元格相对原来的单元
格"移动"了几个单元格，公式
中引用的单元格也会随之在相同
的方向移动相同的距离

图 2-43　复制前后的公式

① 在A6输入公式"=A1"

	A	B	C	D	E
1	Excel	2	3		
2	10	20	30		
3	100	200	300		
4					
5					
6	Excel				
7					

② 将A6中的公式复制到C8中

	A	B	C	D	E
1	Excel	2	3		
2	10	20	30		
3	100	200	300		
4					
5					
6	Excel				
7					
8					
9					
10					
11					
12					
13					

剪切(T)
复制(C)
粘贴选项
选择性粘贴(S)...

③ C8中公式引用的单元格随之发生改变

C8 = =C3

	A	B	C	D	E
1	Excel	2	3		
2	10	20	30		
3	100	200	300		
4					
5					
6	Excel				
7					
8			300		
9					
10					

图 2-44　复制前后的公式

在使用相对引用的公式中,公式和它引用的单元格,就同人和人的影子一样,总是形影不离,始终按相同的步调、相同的距离和方向在工作表区域中移动,如图2-45所示。

	A	B	C	D
1	Excel	2	3	
2	10	20	30	
3	100	200	300	
5				
6	Excel			
8			300	
9				

图 2-45　公式及其引用的单元格

公式和公式引用的单元格，它们的位置关系就同三角形三个顶点的位置关系一样，当你平移其中一个顶点的位置，其他两个顶点也会向相同方向平移相同的距离，如图2-46所示。

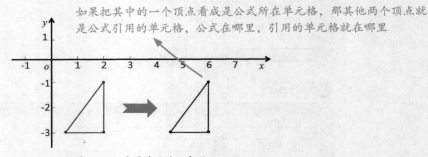

图 2-46　平移前后的三角形

正因为如此，对相同计算规则的问题，只需要编写一个公式，再使用填充或复制将公式复制到多个单元格中即可，而不需要重复编辑公式。

使用绝对引用的单元格地址

如果单元格地址的行号和列标前均加上"$"，则表示该单元格地址使用绝对引用样式。如$D$2、$D$1、$H$2、$N$100等。

行号或列标前的"$"就像一把锁，锁住了单元格的位置，如图2-47所示。

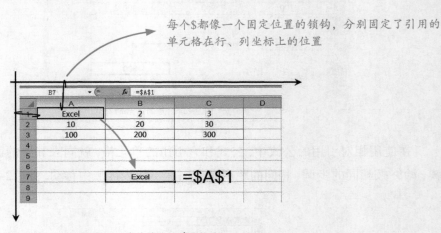

图 2-47　绝对引用的单元格地址

使用绝对引用，无论将公式复制到哪里，引用的单元格都不会发生改变，如图2-48所示。

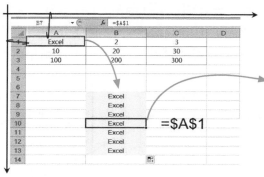

图 2-48　复制公式

行、列标上的锁钩"$"固定了引用单元格的位置，无论公式复制到哪里，公式引用的位置都不会改变

　　如果你的公式需要固定引用某个单元格中的数据，应在公式中使用绝对引用的单元格地址，如图 2-49所示。

G2中保存的是单价3500，我们想让公式始终引用它参与计算，所以将其设为绝对引用

① 在D2输入公式"=C2*$G$2"。

	A	B	C	D	E	F	G	H
1	销售日期	商品名称	销售数量（台）	销售金额（元）				
2	2013/2/1	电视机	9	31500		销售单价(元）	3500	
3	2013/2/2	电视机	5					
4	2013/2/3	电视机	8					
5	2013/2/4	电视机	12					
6	2013/2/5	电视机	8					
7	2013/2/6	电视机	15					
8								

② 将公式填充到其他单元格。

	A	B	C	D	E	F	G	H
1	销售日期	商品名称	销售数量（台）	销售金额（元）				
2	2013/2/1	电视机	9	31500		销售单价(元）	3500	
3	2013/2/2	电视机	5	17500				
4	2013/2/3	电视机	8	28000				
5	2013/2/4	电视机	12	42000				
6	2013/2/5	电视机	8	28000				
7	2013/2/6	电视机	15	52500				
8								

图 2-49　在公式中使用绝对引用

D5中的公式变为"=C5*$G$2"，虽然"*"前面的单元格由C2变为C5，但"*"后面的$G$2因为使用绝对引用，并没有发生改变

● 使用混合引用的单元格地址

　　如果只在行号或列标的前面加上"$"，如"$A1"、"A$1"，那加"$"的行号或列标使用绝对引用，没加"$"的列标或行号使用相对引用。

像这样一半绝对引用、一半相对引用的引用样式，我们称为混合引用。

混合引用是相对引用和绝对引用的混合体，在混合引用中，如果只有列标的前加"$"，如"=$A1"，则该引用在列方向上使用绝对引用，行方向上使用相对引用，如图 2-50所示。

行的位置没有固定，向下填充公式时，引用的单元格会随之下移，引用第2行、第3行的数据

列的位置被"$"固定了，所以向右填充公式时，只能引用到A列的数据

图 2-50　使用混合引用的单元格地址

同理，如果你在行号上加上"$"，如"=A$1"，无论你将公式复制到哪里，公式都只引用第1行的单元格，如图 2-51所示。

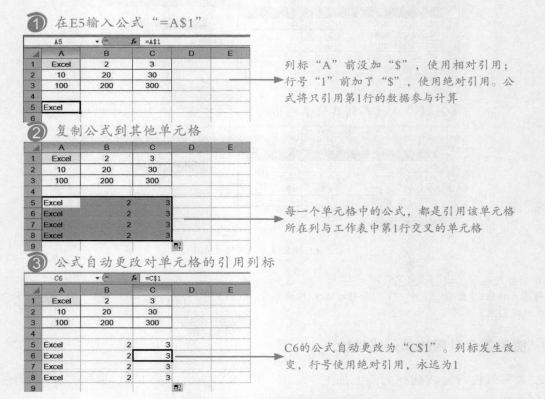

① 在E5输入公式"=A$1"

列标"A"前没加"$"，使用相对引用；行号"1"前加了"$"，使用绝对引用。公式将只引用第1行的数据参与计算

② 复制公式到其他单元格

每一个单元格中的公式，都是引用该单元格所在列与工作表中第1行交叉的单元格

③ 公式自动更改对单元格的引用列标

C6的公式自动更改为"C$1"。列标发生改变，行号使用绝对引用，永远为1

图 2-51　使用混合引用的单元格地址

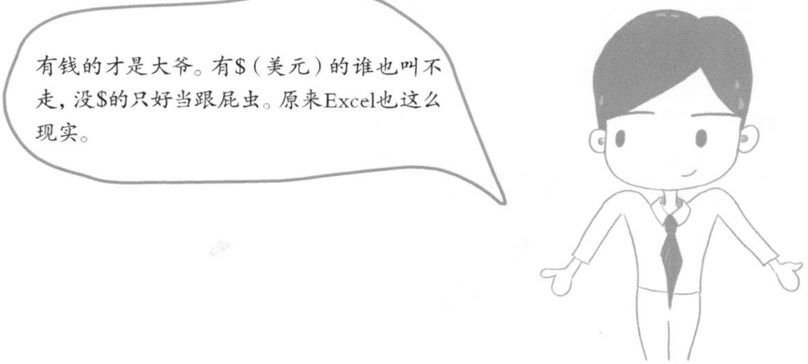
有钱的才是大爷。有$（美元）的谁也叫不走，没$的只好当跟屁虫。原来Excel也这么现实。

有人曾经这样解释混合引用中$的用途，我觉得很形象，你觉得呢？

通过鼠标点选输入单元格地址

你一定觉得在公式中手动输入单元格地址很麻烦，其实你可以通过鼠标点选的方式来输入单元格地址，方法如图 2-52所示。

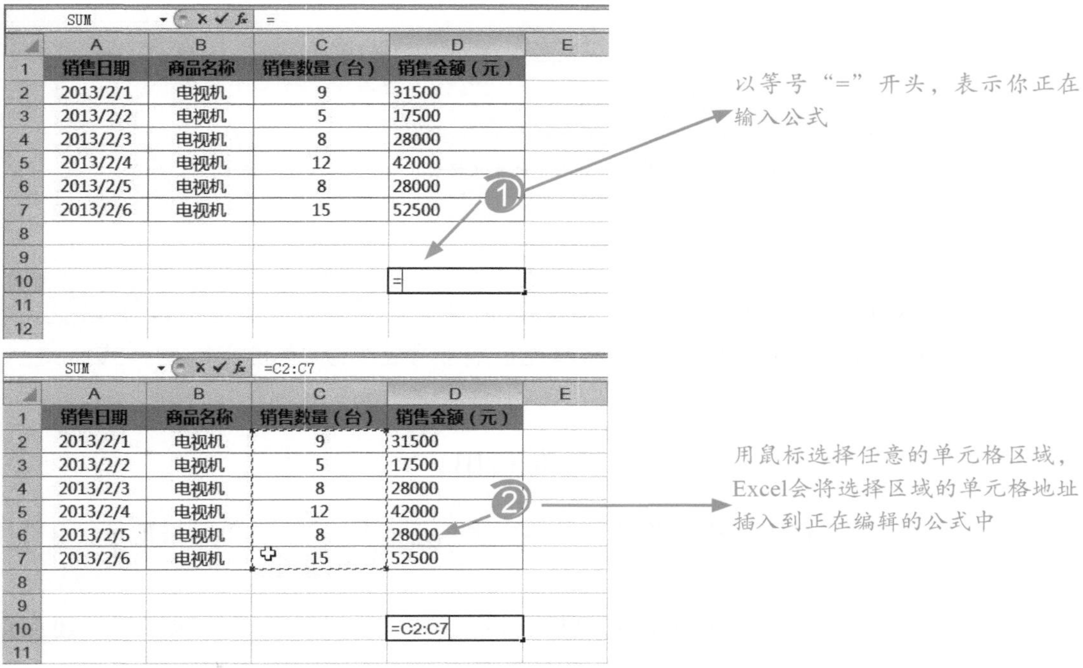
SUM
=
销售日期
商品名称
销售数量（台）
销售金额（元）
以等号“=”开头，表示你正在输入公式
=C2:C7
用鼠标选择任意的单元格区域，Excel会将选择区域的单元格地址插入到正在编辑的公式中

图 2-52　使用鼠标点选在公式中输入单元格地址

如果想引用其他工作表或工作簿中的单元格，也可以使用这种方法，如图 2-53 所示。

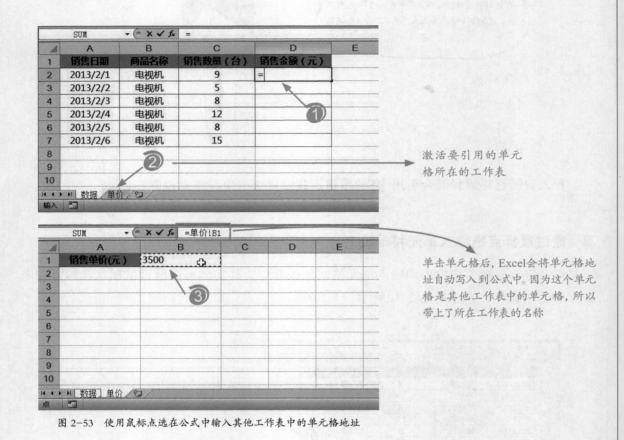

图 2-53　使用鼠标点选在公式中输入其他工作表中的单元格地址

为了让Excel知道公式引用的是哪张工作表中的B1，当引用其他工作表中的单元格时，需要同时指定单元格所在的工作表名称，将单元格地址写成类似"单价!B1"的样式。

$$=单价!B1$$

这样的引用由工作表名称"单价"、英文半角感叹号"!"、单元格地址"B1"这3部分组成，缺一不可。

如果工作表名称以数字开头，或包括空格及"$"、"%"等特殊字符，还应把工作表的名称写在一对半角单引号之间：

='2月'!D2

如图 2-54所示。

图 2-54　使用鼠标点选输入单元格引用

如果你记不住这些规则，就用鼠标点一点。相信这种方法能帮助你了解这些引用常识，这费不了你多少时间。

> 怎样引用其他工作簿中的单元格？你知道怎样找到答案了吗？鼠标点一点，答案就出现，快去试试吧。

● 快速切换引用类型

通过鼠标点选得到的单元格地址，只能是固定的某种引用类型（本工作簿中的单元格为相对引用，其他工作簿中的单元格为绝对引用）。

当需要切换它的引用类型时，可以在【编辑栏】中选中该单元格地址，按<F4>键进行切换，如图 2-55所示。

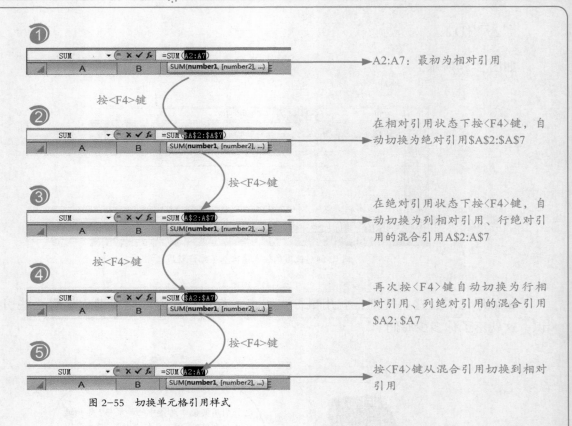

① =SUM(A2:A7) ➤ A2:A7：最初为相对引用

按<F4>键

② =SUM($A$2:$A$7) ➤ 在相对引用状态下按<F4>键，自动切换为绝对引用$A$2:$A$7

按<F4>键

③ =SUM(A$2:A$7) ➤ 在绝对引用状态下按<F4>键，自动切换为列相对引用、行绝对引用的混合引用A$2:A$7

按<F4>键

④ =SUM($A2:$A7) ➤ 再次按<F4>键自动切换为行相对引用、列绝对引用的混合引用$A2:$A7

按<F4>键

⑤ =SUM(A2:A7) ➤ 按<F4>键从混合引用切换到相对引用

图2-55　切换单元格引用样式

提示

　　R1C1引用样式也有相对引用、绝对引用和混合引用3种引用类型，而且也可以通过<F4>键切换引用类型，你可以通过观察各种不同的引用样式来发现它们之间的区别与联系。

第7节　Excel中的函数

2.7.1　一个函数就是一台多功能的榨汁机

你一定用过类似的榨汁机榨过喜欢喝的果汁吧?

　　无论是橙汁、苹果汁还是西瓜汁，只要你拥有一台小小的榨汁机，就可以自己加工制作。而这个加工的过程也非常简单，你只要为榨汁机提供水果等原材料，按要求放入，接上电源，打开开关，就可以等着它自动为你送上鲜美的果汁了。

　　操作简单，功能齐全，这是我们选择榨汁机的原因之一。

　　待我接触Excel的函数后，我惊奇地发现：原来每一个函数都是一台功能强大的榨汁机。

等待处理的数据是"原材料"，处理的结果是"果汁"，而函数就是将数据加工、处理，以得到处理结果的工具，不正是一台榨汁机吗?

每一个函数都是功能不同的榨汁机，它们需要的原材料不同，输出的"果汁"也不同。如果想求一组数据的平均数，可以使用AVERAGE这个专门用来求平均数的函数，如图 2-56所示。

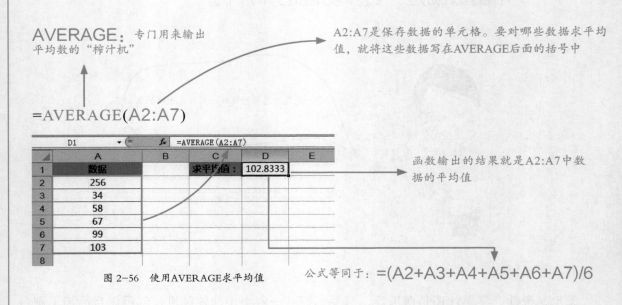

AVERAGE：专门用来输出平均数的"榨汁机"

A2:A7是保存数据的单元格。要对哪些数据求平均值，就将这些数据写在AVERAGE后面的括号中

=AVERAGE(A2:A7)

函数输出的结果就是A2:A7中数据的平均值

公式等同于：=(A2+A3+A4+A5+A6+A7)/6

图 2-56　使用AVERAGE求平均值

当给函数指定要计算的数据后，不需要告诉函数怎样计算，它会自动给出对应的计算结果。

正如榨汁机已经预设了整个加工和制作果汁的方法一样，函数就是一个已经预设好的计算公式，只是你看不到它的计算过程。

但能否看到计算过程，并不是最重要的。毕竟榨汁机已经榨出了你想喝的果汁，作为普通的使用者，你还有必要再去研究它是怎样榨出果汁的吗？

2.7.2　函数都由哪几部分组成

你的榨汁机一定由多个零部件组成，如进料口、刀网、接汁杯等。

同榨汁机一样，Excel中的函数也有它自己的零配件，无论函数执行什么计算，输出什么结果，它都由函数名称和函数参数两部分组成。

AVERAGE是函数名称，函数名
称告诉Excel应该执行什么计算

括号中的内容是函数的参数，参数告诉函数应该对
哪些数据进行计算，按什么方式进行计算

AVERAGE**(A2:A7)**

括号是每个函数必不可少的部分，它就像榨汁机的
进料口，专门用来"盛放"函数的参数

　　无论是什么函数，让其工作时，都得像使用榨汁机一样，给它提供计算需要的数据——函数参数。只有收到你提供的函数参数，函数才明白应该对哪些数据进行计算，按什么方式计算。

　　无论函数有几个参数，都应写在函数名称后面的括号中，当有多个参数时，各个参数间用英文逗号（,）隔开，如图 2-57所示。

=DATE(2013,5,14)

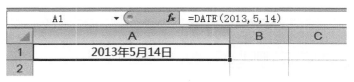

图 2-57　函数的多个参数

函数共有3个参数：2013、5和14。分
别用于指定日期的年份、月份和数

=DATE(2013,5,14)

DATE：函数名称，函数名称告诉Excel 执行
什么计算。DATE是一个返回指定日期的函数

就像你的榨汁机不能缺少盛放水果的进料口一样，函数名称后面用于盛放函数参数的括号是必不可少的。就算某个函数不需要参数，在使用时，也必须在函数名称后面写上一对空括号，如图 2-58所示。

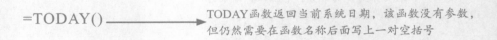

TODAY函数返回当前系统日期，该函数没有参数，但仍然需要在函数名称后面写上一对空括号

B1		f_x	=TODAY()	
	A	B	C	D
1	今天的日期	2013/10/16		
2				
3				

图 2-58　没有参数的函数

函数是已经设定好的计算公式，能帮助我们解决许多计算问题，让我们设计和编写公式的过程变得更简单。如果你想成为公式达人，那静下心来学习函数的用法是必须经历的过程。

2.7.3　Excel中都有哪些函数

根据运算类别及应用行业的不同，Excel中的函数可分为逻辑函数、文本函数、数学和三角函数、日期和时间函数、统计函数、查找和引用函数、信息函数、财务函数、数据库函数、工程函数等。

不同类别的函数，你可以通过以下方式找到它们。

● 在功能区中查看函数

在【公式】选项卡的【函数库】区域，可以看到Excel对函数的分类情况，如图 2-59所示。

图 2-59　在功能区中查看函数类别

单击其中的某个类别，即可看到该类别的函数列表，如图 2-60所示。

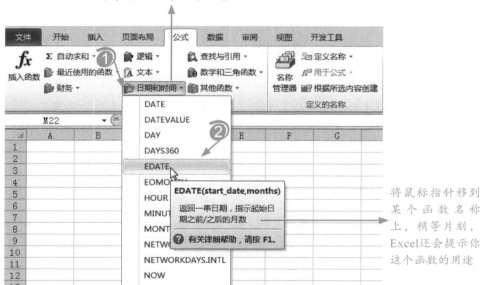

图 2-60　查看某个类别的函数

🔵 利用【插入函数】对话框查看函数

你还可以使用如图 2-61所示的方法，调出【插入函数】对话框，在其中查看某个类别的函数。

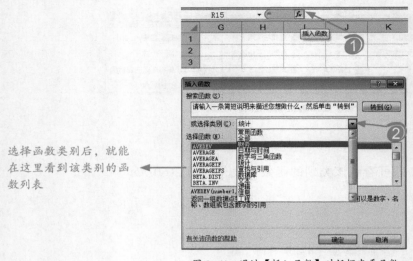

选择函数类别后，就能
在这里看到该类别的函
数列表

图 2-61　通过【插入函数】对话框查看函数

● 利用【Excel帮助】查看函数

　　【Excel帮助】是一个学习Excel的重要资料库，在Excel的窗口中按<F1>键即可调出它，你可以在【Excel帮助】窗口左侧的目录中选择查看某类函数的信息，如图 2-62 所示。

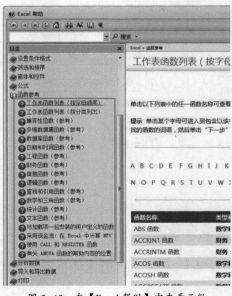

图 2-62　在【Excel帮助】中查看函数

你很难找到一本像【Excel帮助】这样详细的Excel教材。

每个函数的结构、具体功能、用途、用法等，在【Excel帮助】中都有详细介绍，善用函数帮助信息，将对你的学习带来很大的帮助。

当然，此时你不必急着去了解这些函数，因为我们后面会专门向大家介绍它们的用法。

第8节 使用函数编写公式

既然Excel拥有这么多厉害的函数，那应该怎样使用这些函数编写公式呢？

通常，我们会通过以下几种方法来使用函数编写公式。

2.8.1 让Excel自动插入函数公式

对于求和、平均值、最大值、最小值等常见计算，你只需用鼠标点一点就可以解决，如图 2-63所示。

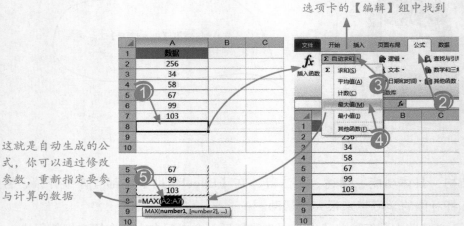

图 2-63　自动插入函数公式

2.8.2　选择适合的函数编写公式

如果你要完成的计算在【自动求和】命令列表中找不到，可以单击【公式】选项卡中的【插入函数】按钮，在打开的【插入函数】对话框中选择你要使用的函数来编写公式，如图 2-64所示。

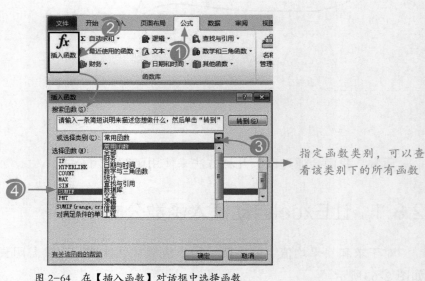

图 2-64　在【插入函数】对话框中选择函数

直接单击【编辑栏】左侧的【插入函数】按钮也可以调出【插入函数】对话框，如图 2-65所示。

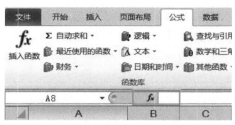

图 2-65　调出【插入函数】对话框

如果你不知道应该使用哪个函数编写公式，可以试试搜索问题的关键词，也许Excel 会替你找到适合的函数，如图 2-66所示。

输入 "**条件 求和**"，单击【转到】按钮

当你在函数列表中选中 SUMIF函数后，这里会显示 函数的信息，你可以根据这 些信息来决定是否使用这个 函数

Excel根据你设定的 "关键 词" 为你推荐的函数列表

图 2-66　搜索函数

当你确定使用SUMIF函数后，就在函数列表中选中它，单击【确定】按钮，在打开的 【函数参数】对话框中，根据提示设置函数的参数，如图 2-67所示。

在这里设置SUMIF函数的参数

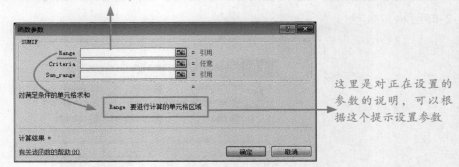

图 2-67　设置函数的参数

　　设置完函数参数，Excel就自动在单元格中插入了一个使用该函数编写的公式，如图 2-68所示。

在【编辑栏】中可以看到设定的公式

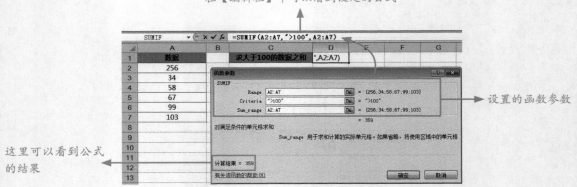

这里可以看到公式 的结果

设置的函数参数

图 2-68　Excel根据参数自动生成公式

　　确认无误后，单击对话框中的【确定】按钮，即可完成公式的设置。

2.8.3　手动输入函数编写公式

　　我自己几乎从来不用【插入函数】和【函数参数】对话框来编写函数公式，而是直接在单元格中输入函数及其参数来完成公式的设定。

　　当然，这需要事先熟悉函数的具体用法。

也许很多人认为这是一个很复杂的技术活，其实不然。如果你记得某个函数开头的一两个字母，就可以在单元格中直接手工录入它，因为Excel从2007版本开始，增加了"公式记忆式键入"的功能，它可以根据你输入的内容提供备选的函数列表，如图 2-69 所示。

当在单元格中输入"=s"，Excel将显示一个以"S"开头的函数列表，你可以使用上下方向键或鼠标左键在这个列表中选择函数，当然，你也可以继续手工输入

发现了吗？当你选中某个函数后，在旁边会显示这个函数的相关信息。这些信息可以帮助你判断是否使用这个函数

图 2-69　输入首字母后的备选函数列表

如果你还记得函数的第二个字母，可以继续输入，Excel将按你输入的内容重新更新这个函数列表，缩小可选择的函数范围，如图 2-70所示。

输入"=su"，Excel将显示一个以"SU"开头的函数列表

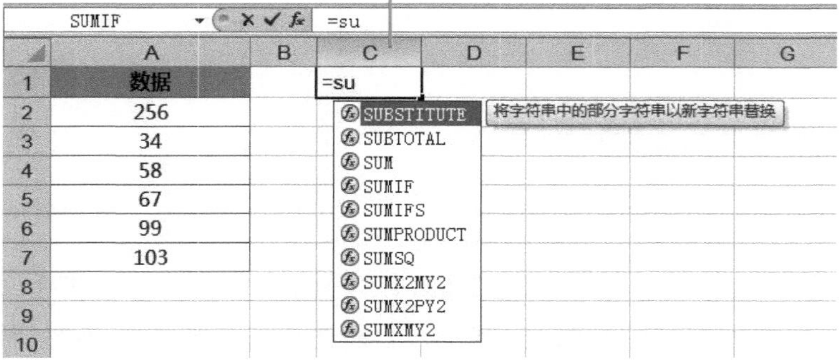

图 2-70　输入前两个字母后的备选函数列表

　　如果确定要使用列表中的某个函数，就双击鼠标或按<Tab>键将函数名称和左括号"（"添加到当前编辑位置，如图2-71所示。

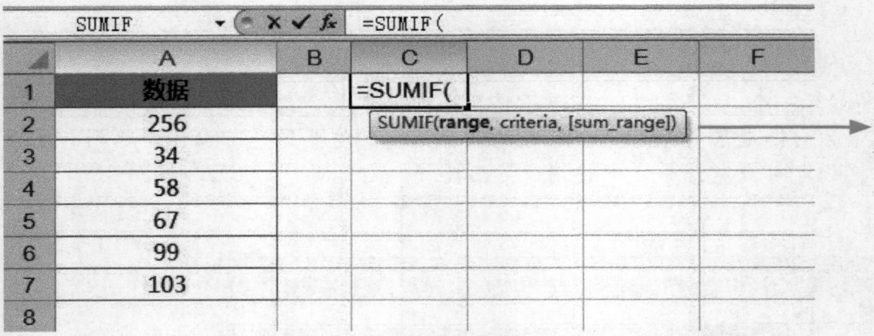

	SUMIF	▾	⊝	X	✓	fx	=SUMIF(

	A	B	C	D	E	F
1	数据		=SUMIF(			
2	256		SUMIF(**range**, criteria, [sum_range])			
3	34					
4	58					
5	67					
6	99					
7	103					
8						

无论使用手工输入，还是选择的方式输入函数，当在函数名称后输入左括号"（"后，Excel都会显示函数的所有参数名称，让你可以方便地设置这些参数

图2-71　函数及函数的参数

　　输入函数名称后，按<Ctrl+Shift+A>组合键，可以将该函数的所有参数名称及括号全部自动输入到函数名称后，这样可以自由地对各个参数进行编辑和设定，如图2-72所示。

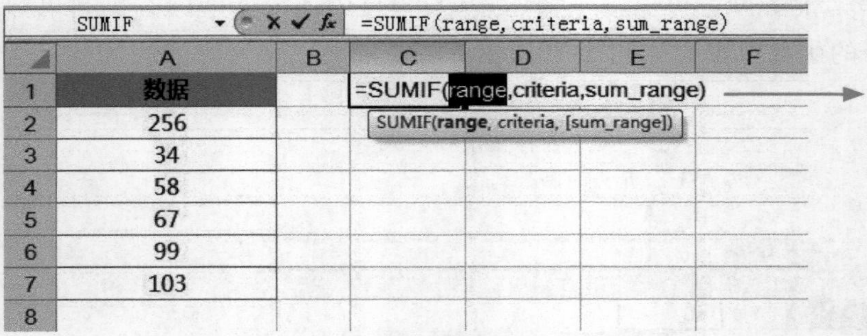

	SUMIF	▾	⊝	X	✓	fx	=SUMIF(range, criteria, sum_range)

	A	B	C	D	E	F
1	数据		=SUMIF(range,criteria,sum_range)			
2	256		SUMIF(**range**, criteria, [sum_range])			
3	34					
4	58					
5	67					
6	99					
7	103					
8						

函数的参数全部显示到括号中，你可以在相应位置对某个参数进行设置

图2-72　设置函数的参数

　　如果在输入公式时，没有显示如图2-69所示的函数列表，可以在【Excel选项】对话框的【公式】选项卡中勾选【公式记忆式键入】复选框，步骤如图2-73所示。

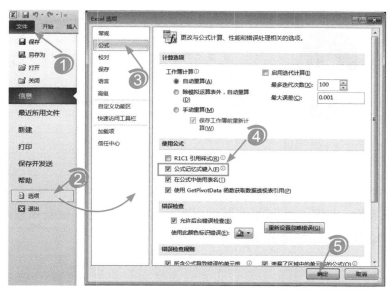

图 2-73　设置公式记忆式键入

如果输入函数后，没有显示如图 2-71所示的函数参数提示，就在【Excel选项】对话框的【高级】选项卡中勾选【显示函数屏幕提示】复选框，步骤如图 2-74所示。

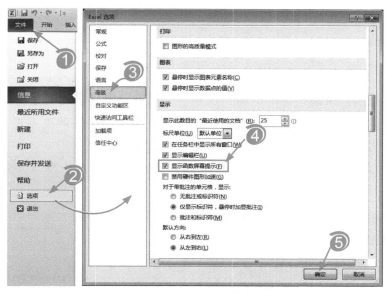

图 2-74　设置显示函数屏幕提示

是不是觉得使用函数也是一件非常简单的事，根本没有多高的技术含量？

是的，使用函数，就是一个做填空题的过程，你要填的空，就是函数名称和存放参数的括号，只要空填对，一切问题就都解决了。

那我怎么知道我的问题应该使用哪个函数来解决？

应该使用什么函数来解决你的问题？这是一个没有固定答案的问题。

"条条大道通罗马"，相同的问题，思路不同，会有不同的解决方式。当你大脑里积累的函数越多，掌握的方法就越多，解决的途径就越丰富。

如果想知道应该使用什么函数解决你的问题，那你需要先学习一些常用函数的基本用法。

怎样使用常用的函数解决问题？这是我们在后面章节中要向大家介绍的内容，如果你准备好了，那就跟着我们一起往后学习吧。

第3章 常用的逻辑函数

同人类一样，Excel拥有自己的语言和思维方式。

你可以使用它的语言和它交流，告诉它你的问题及问题的解决方式，让它按你制定的规则完成你设定的计算。为了确保能准确地给Excel下达指令，首先你得懂得它的语言，理解它思考问题的方式。

学习Excel的语言，让我们从逻辑函数开始。

第1节　Excel中的是与非

3.1.1　Excel处理问题的逻辑

你是Excel的用户吗？　　　　　你是计算机专业的吗？

你妈妈是医生吗？这是你的铅笔吗？　我的位置是在第一排吗？

你每天都会用到Excel吗？　　　你是ExcelHome的微博粉丝吗？

今天是星期一吗？2014年是闰年吗？　你是ExcelHome论坛的会员吗？

"是"和"不是"是人类大脑中的逻辑值，逻辑值专门用来回答诸如类似的疑问句。

"你是Excel公式控吗？"
回答类似的问题，你只需要说"是"或者"不是"。

A1中的数据比80大吗？

在使用Excel的过程中，类似的问题很多，面对这些问题，Excel给出的答案也只能是"是"或"不是"。

　　"TRUE"和"FALSE"是Excel大脑中的逻辑值，等同于人类语言中的"是"和"不是"。其中，"TRUE"是逻辑真，表示"是"的意思；而"FALSE"是逻辑假，表示"不是"的意思。

　　所以，当Excel对你说"TRUE"时，你得知道它在对你说"Yes"；而当你想告诉Excel "No"时，应该对它说"FALSE"。

3.1.2　什么时候Excel会对你说TRUE

● 当公式执行比较运算时

　　比较运算，就是使用公式比较两个数的大小，每个执行比较运算的公式，都可以"翻译"成一个疑问句。

对公式提出的问题，Excel会先对涉及到的数据进行比较，再告诉你比较的结果是TRUE还是FALSE。

=A1>A2
这个公式在问Excel："A1的数据大于A2吗？"

除了">"，Excel还有5种比较运算符，你还记得是哪5种吗？如果你忘记了，记得看看表2-3中的内容。

当在公式中使用信息函数时

信息函数用于判断数据是否属于某种数据类型，这些信息函数都在向Excel问类似"它是……吗"的问题。

如果公式返回TRUE，说明A1中的数据是文本；如果返回FALSE，说明A1中的数据不是文本。

=ISTEXT(A1)

这个公式在问Excel："A1的数据是文本类型吗？"

除了ISTEXT，ISBLANK、ISERR、ISERROR、ISNA、ISTEXT、ISNUMBER等都是信息函数，它们的返回值都是TRUE或FALSE，如图3-1所示。

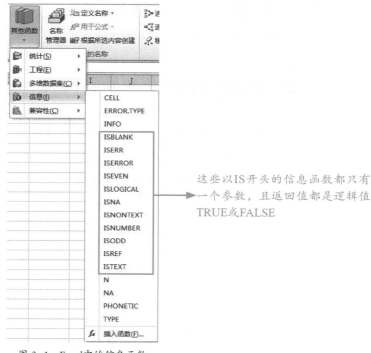

这些以IS开头的信息函数都只有一个参数，且返回值都是逻辑值TRUE或FALSE

图 3-1 Excel中的信息函数

第2节 IF让你的选择不再困难

3.2.1 有选择的地方就有IF函数

这个周末怎么过呢？
如果周末是晴天，那就和朋友去郊游，否则去书店看书。

周末怎么过？由天气决定，不同的天气，会有不同的选择。

每个包含"如果……那么……否则……"的句子，在Excel的公式中，都可以使用IF函数将其翻译成Excel的"语言"，改写成Excel的"公式"：

IF（周末是晴天吗,和朋友去郊游,去书店看书）

当然，这不是一个正确的Excel公式，但却是IF函数思考和处理问题的逻辑。

在这个"公式"中，IF函数就扮演了"如果……那么……否则……"这组关联词的作用，而Excel处理IF函数的过程，就像你在岔道口选择道路一样。

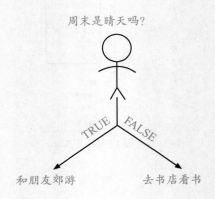

每个IF函数，都像一条一分二的岔道。公式每次走到IF的岔道口，都会对设置的条件进行判断，再根据判断的结果是TRUE还是FALSE，决定下一步前进的方向。

3.2.2 让IF替你选择正确的结果

当你需要在多种结果中选择一个时，可以让IF函数替你完成。例如，要为B2中的学生成绩评定等次，等次只有两种："及格"和"不及格"。评定的标准为：如果分数达到60分，那么评定为及格，否则评定为不及格。

如果想让IF函数替你解决这个问题，公式可以写为：

=IF(B2>=60,"及格","不及格")

↓

如果参数是文本，应将其写在英文双引号间

Excel收到你输入的公式后，便会按你指定的评定标准去评定成绩的等次。

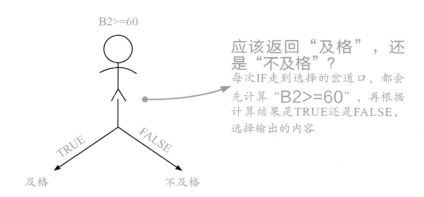

B2>=60

应该返回"及格"，还是"不及格"？
每次IF走到选择的岔道口，都会
先计算"B2>=60"，再根据
计算结果是TRUE还是FALSE，
选择输出的内容

效果如图 3-2所示。

图 3-2 使用IF函数评定成绩等次

无论是用语言，还是文字，在描述一个问题时，都应该注意语序。"如果"和"那么"的后面应该是什么内容，并不是随意的，否则会影响表达效果。

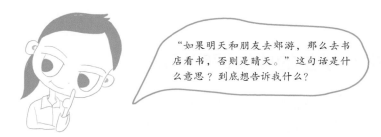

"如果明天和朋友去郊游，那么去书店看书，否则是晴天。"这句话是什么意思？到底想告诉我什么？

"如果"的后面是要判断的条件，"那么"的后面是条件成立时返回的结果，"否则"的后面是条件不成立时返回的结果。只有按这个规则去设置IF的各个参数，Excel才会明白你的意图。

所以，图3-2中的公式不能写为：

=IF("及格",B2>=60,"不及格")

=IF("及格"，"不及格",B2>=60)

=IF(B2>=60,"不及格","及格")

IF共有3个参数，每个参数扮演不同的角色，只有参数设置正确，Excel才会明白你的意图。

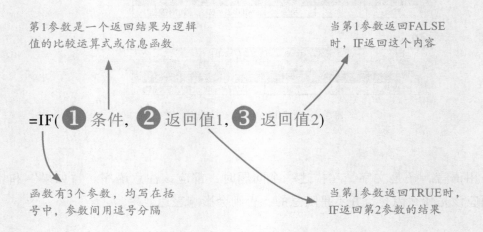

第1参数是一个返回结果为逻辑值的比较运算式或信息函数

当第1参数返回FALSE时，IF返回这个内容

=IF(❶ 条件， ❷ 返回值1， ❸ 返回值2)

函数有3个参数，均写在括号中，参数间用逗号分隔

当第1参数返回TRUE时，IF返回第2参数的结果

3.2.3 为多个学生的成绩评定等次

类似"=IF(B2>=60,"及格","不及格")"的公式只能执行一次计算，处理一条记录，但我们面临的，往往是由多条记录组成的数据表，如图 3-3所示。

图 3-3 学生成绩表

你当然不用手动为这些成绩评定等次，更不用依次为各个单元格设置公式，否则Excel也太低效了。

因为表格的结构和评定等次的规则相同，所以可以在公式中使用相对引用，通过【填充】功能复制公式到其他单元格，以完成对所有成绩的等次评定，具体操作步骤如图 3-4 所示。

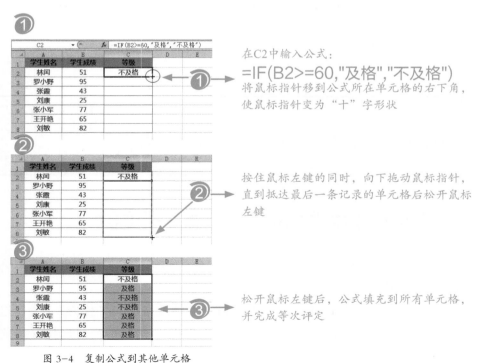

① 在C2中输入公式：
=IF(B2>=60,"及格","不及格")
将鼠标指针移到公式所在单元格的右下角，使鼠标指针变为"十"字形状

② 按住鼠标左键的同时，向下拖动鼠标指针，直到抵达最后一条记录的单元格后松开鼠标左键

③ 松开鼠标左键后，公式填充到所有单元格，并完成等次评定

图 3-4 复制公式到其他单元格

除了拖动鼠标外，还可以通过双击鼠标完成填充，你还记得怎样操作吗？如果忘记了，请看看图2-41中的详细介绍。

　　填充到其他单元格的公式能自动完成计算，是因为我们在公式"=IF(B2>=60,"及格","不及格")"中使用了相对引用的单元格地址"B2"。

　　B2中保存的学生成绩，是用来同60进行比较的数据，当公式向下填充后，该引用会随之发生改变，参与比较运算的数据也就发生改变，如图3-5所示。

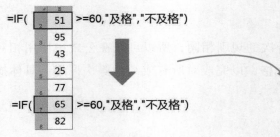

B2使用相对引用，公式与它引用的单元格就是一个在B列上下滑动的整体，公式滑到不同的位置，就可以获得B列中不同位置的数据参与计算

图3-5　复制单元格前后

注意

　　有关相对引用的更多介绍，请参阅2.6.3中的相关内容。

3.2.4　从多个结果中选择符合条件的一个结果

　　"如果考试成绩达到90分，那么评定为优秀，如果达到60分但小于90分，那么评定为及格，否则评定为不及格。"

　　在这个问题中，可供选择的等次有"不及格"、"及格"和"优秀"3种，这样的选择就像走在一条岔道中还有新岔道的道路上一样，在每个岔道口都要选择继续前进的方向，如图3-6所示。

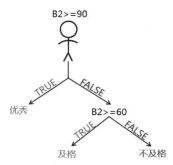

图 3-6　使用两个IF函数的公式

一个IF函数只能执行一次选择，面对两个岔道时，需要用到两个IF函数，而第2个IF函数用在第1个IF函数的参数位置，即：

$$=IF(B2>=90,"优秀",IF(B2>=60,"及格","不及格"))$$

第3参数的IF函数就是
图 3-6中的第2个岔道

经过的岔道越多，公式中使用的IF函数就越多，如：

$$=IF(B2>=60,IF(B2>=80,IF(B2>=90,"优秀","良好"),"及格"),$$
$$IF(B2>=40,"不及格","低分"))$$

多个IF函数嵌套在一起的公式，也许你会觉得难以读懂，但如果我们将其绘制成类似"岔道"的图，相信你一眼就能读懂它，如图 3-7所示。

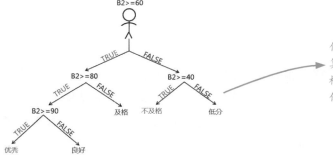

你一定发现了，IF函数思考和计算的过程，就像一根倒过来的大树。这棵大树有多少树丫，就看你使用了多少个IF函数

图 3-7　使用多个IF函数的公式

使用的函数越多，"大树"的枝丫就越多。但当这棵"大树"长到枝繁叶茂的时候，势必会为我们理解和解读它带来许多麻烦，所以在使用IF函数时应尽量减少分枝的数量。图 3-7中的示例，我习惯将其改为如图 3-8所示的样子。

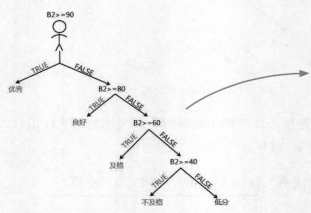

让"树丫"只往一个方向"生长"，这样当你解读公式时，只需顺着这个方向去思考，而不用分心到其他"丫枝"。这样一来，逻辑关系是不是清晰许多呢？

图 3-8　让"树丫"只往一个方向"生长"

看着图 3-8中这根倒过来的树丫，再来写这个公式就简单很多了。

=IF(B2>=90,"优秀",IF(B2>=80," 良好"，IF(B2>=60，"及格"，IF(B2>=40,"不及格","低分"))))

公式效果如图 3-9所示。

	A	B	C
	学生姓名	学生成绩	等级
2	林闰	51	不及格
3	罗小野	95	优秀
4	张震	43	不及格
5	刘康	25	低分
6	张小军	77	及格
7	王开艳	65	及格
8	刘敏	82	良好

C2 单元格公式：=IF(B2>=90,"优秀",IF(B2>=80,"良好",IF(B2>=60,"及格",IF(B2>=40,"不及格","低分"))))

图 3-9　使用公式评定成绩等次

看着图写公式，你一定感觉很轻松。因此，当你遇到一个问题，不知从何着手时，不妨试试先画一个简单的思维导图，也许会给你编写公式带来许多帮助。

无论你需要选择几次，需要从几个结果中进行选择，只要你理清每次选择的规则及思路，就能使用IF函数解决你的问题。

是的，思路才是编写公式的关键。

3.2.5 根据数据选择不同的运算

在如图 3-10所示的工资表中，数据有什么问题？你应该发现了吧？

	姓名	基本工资	实发工资
1	姓名	基本工资	实发工资
2	罗丽娟	2500	
3	孙发刚	3500元	
4	邓子琪	4200元	
5	刘玉仙	2600	
6	马良才	3400	
7	张华军	2800元	
8	刘晓娟	4100	

图 3-10 有问题的工资表

"基本工资"有的以数值形式保存，有的以数字加单位的文本形式保存，如果想将所有的基本工资加上300得到实发工资，应该怎么办呢？

带单位的数字，如"4200元"是文本，需将其中的"元"去掉，才能直接和数值进行加法运算。

"如果数据是数值，那么直接加300，否则将'元'去掉后再加上300。"不同类型的数据，采取不同的处理方式，只要我们通过IF函数告诉Excel这个处理问题的规则，它就能帮我们解决好这个问题，如图 3-11所示。

ISNUMBER是信息函数，只有1个参数，它表示如果参数是数值，则返回TRUE，否则返回FALSE

使用SUBSTITUTE函数将B2中的字符串"元"替换为""

=IF(ISNUMBER(B2),B2+300,SUBSTITUTE(B2,"元","")+300)

C2   *fx* =IF(ISNUMBER(B2),B2+300,SUBSTITUTE(B2,"元","")+300)

	姓名	基本工资	实发工资
1	姓名	基本工资	实发工资
2	罗丽娟	2500	2800
3	孙发刚	3500元	3800
4	邓子琪	4200元	4500
5	刘玉仙	2600	2900
6	马良才	3400	3700
7	张华军	2800元	3100
8	刘晓娟	4100	4400

图 3-11 工资表

提示

想了解SUBSTITUTE函数的用法，可以阅读第5章第6节中的相关内容。

正如你看到的，不规范的数据会增加处理和运算的难度，因此，无论出于什么目的，都应该科学管理你的数据。

3.2.6　使用IF屏蔽公式返回的错误值

有时你会发现，尽管你写的公式没有任何问题，可它却返回错误值，如图 3-12所示，即为其中一例。

除数是0时，公式无法完成计算，所以返回错误值

=C3/B3

	A	B	C	D	E
	姓名	工作时间/小时	工作产量/件	每小时产量	
1					
2	罗丽娟	6	180	30	
3	孙发刚	0	0	#DIV/0!	
4	邓子琪	4	200	50	
5	刘玉仙	5	150	30	
6	马良才	0	0	#DIV/0!	
7	张华军	10	400	40	
8	刘晓娟	9	540	60	

图 3-12　公式返回的错误

产生这类错误，并不是因为公式错误，而是参与公式计算的数据存在问题。但是事先我们并不知道哪些数据不符合公式的需求。

这是一种无法预知和回避的错误，除了删除公式，有什么办法屏蔽这些错误吗？

当公式返回错误值时，可以替它选择另一个非错误值的结果。是的，你没有猜错，IF函数就是最佳选择之一，解决办法如图 3-13所示。

ISERROR是信息函数，只有1个参数，如果参数是错误值，函数返回TRUE，否则返回FALSE

=IF(ISERROR(C2/B2),0,C2/B2)

	A	B	C	D	E
	姓名	工作时间/小时	工作产量/件	每小时产量	
2	罗丽娟	6	180	30	
3	孙发刚	0	0	0	
4	邓子琪	4	200	50	
5	刘玉仙	5	150	30	
6	马良才	0	0	0	
7	张华军	10	400	40	
8	刘晓娟	9	540	60	

图 3-13　使用IF屏蔽公式错误

　　使用ISERROR判断C2/B2的计算结果是否为错误值，如果是错误值，那么公式返回0，否则公式返回C2/B2的计算结果，这样，就用数值0代替了公式可能返回的错误值，如果你愿意，可以使用其他任意的数据替换公式返回的错误结果。

屏蔽公式返回的错误，还有一个更好用的函数IFERROR，使用起来更方便，如图 3-14所示。

IFERROR函数有两个参数，第1个参数是可能返回错误值的公式，第2个参数是当第1个参数返回错误时指定返回的值

=IFERROR(C2/B2,0)

	A	B	C	D	E
1	姓名	工作时间/小时	工作产量/件	每小时产量	
2	罗丽娟	6	180	30	
3	孙发刚	0	0	0	
4	邓子琪	4	200	50	
5	刘玉仙	5	150	30	
6	马良才	0	0	0	
7	张华军	10	400	40	
8	刘晓娟	9	540	60	

图 3-14　使用IFERROR屏蔽公式错误

当第1参数返回错误时，公式返回第2参数的值，否则返回第1参数的值。这是一个非常好用的纠错函数。但如果你使用的是Excel 2003及之前的版本，就不能使用这个函数。

第3节 IF函数的三个小伙伴

3.3.1 不能被Excel识别的数学不等式

如图3-15所示，朋友所在的面粉厂，要求生产的面粉每袋质量不能小于495克，也不能超过500克，否则该袋面粉将被定为"不合格"产品。

	A	B	C	D
1	产品编号	质量(克)	是否合格	
2	MF10001	506		
3	MF10002	492		
4	MF10003	507		
5	MF10004	496		
6	MF10005	495		
7	MF10006	509		
8	MF10007	493		
9	MF10008	496		
10	MF10009	509		
11	MF10010	508		
12				

根据B列的数据，怎样才能快速在C列得出是否合格的结论?

图3-15 面粉质量数据表

面粉是否合格，判断的标准非常简单：如果面粉质量既大于或等于495，又小于或等于500，那么定为"合格"，否则定为"不合格"。

这是评定面粉是否合格的标准，也是IF函数的"人类语言版"。

了解完这些后，让我们来看看朋友为这个问题设计的公式：

=IF(495<=B2<=500,"合格","不合格")

"B2大于或等于495，且小于或等于500"，朋友用数学里的不等式来表示这个双条件可是，当他将公式输入单元格后，却发生了"意外"，如图 3-16 所示。

图 3-16　返回"意外"结果的公式

全部显示"不合格"，你觉得C列的结果正确吗？

为什么无论面粉的质量是多少，公式的结果都是"不合格"？Excel，你这是在闹哪样？

也许，你也写过这样的公式，有过这样的疑问。

事实上， Excel并没有问题，只是你写的公式不符合它的语言规则。

这就像你对着一位不会英语的中国小朋友喊"Pen"，而他却给你端来一只"盆"一样。

语言障碍，是出现这种尴尬场面的原因。

而在公式"=IF(495<=B2<=500,"合格","不合格")"中，"495<=B2<=500"正是导致公式错误的原因，因为它在你和Excel的世界里，描述的并不是同一个规则。

在你的眼中，它表示一个大于或等于495，且小于或等于500的数，类似数学中"2<a<5"这样的不等式，而Excel却并不这么认为。

在Excel的眼中，"<="是比较运算符，它同数学运算符"+"没有太大的区别。当Excel面对"495<=B2<=500"时，会像对待"3+2+5"一样，将它看成是一个进行两次比较运算的表达式，并按计算法则规定的先后顺序计算它，如图3-17所示。

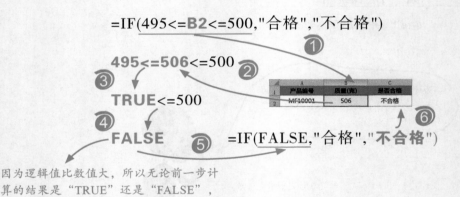

图 3-17 公式计算顺序

Excel并不认识这种用不等式表示数据区间的方法。因此，如果你想判断数据是否某个区间的数据时，应该使用其他的方法。

提示

该例中的问题可以使用多个IF函数进行多次判断来解决，如：=IF(B2>500,"不合格",IF(B2>=495,"合格","不合格"))。但当条件越多时，使用的IF函数就会越多，会增加编写、阅读和理解公式的难度，我们并不推荐使用这种方式去解决。

3.3.2 用AND函数判断是否同时满足多个条件

AND函数是IF函数最好的小伙伴之一，当IF需要同时对多个条件进行判断时，可以将所有的条件都交给AND，AND会依次对它们进行判断，然后再告诉Excel是不是所有的条件都成立。

对，它就像你安装在计算机上的杀毒软件，当你指定要扫描的分区后，它就会依次对这些分区进行扫描，然后根据扫描结果告诉你系统是否安全，如图 3-18、图 3-19所示。

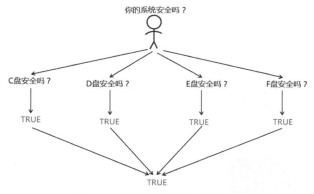

图 3-18　杀毒软件的扫描过程（1）

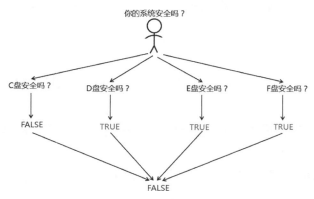

图 3-19　杀毒软件的扫描过程（2）

在这个例子中，必须满足4个条件（❶C盘安全，❷D盘安全，❸E盘安全，❹F盘安全），杀毒软件才会提示系统安全，只要其中某个条件不成立，杀毒软件都认为系统存在病毒威胁。

　　如果C盘安全**且**D盘安全**且**E盘安全**且**F盘安全，**那么**系统安全，**否则**系统存在病毒威胁。

用"且"连接多个条件，只有当这些条件都
成立时，才会得出"那么"后面的结论

　　Excel中的AND函数就是用来代替人类语言中的"且"，连接多个条件的函数，如"C盘安全且D盘安全且E盘安全且F盘安全"可以改写为：

AND(C盘安全,D盘安全,E盘安全,F盘安全)

AND函数会像杀毒软件一样"扫描"各个参数
的条件，只有所有条件都成立时，它才会返回
"TRUE"，否则返回"FALSE"

千万不要直接使用AND连接多个条件，
写为：C盘安全 AND D盘安全 AND E盘
安全 AND F盘安全，Excel并不认识这种
表示方法。

　　杀毒软件扫描病毒并报告结果的过程，可以按Excel的思维，使用IF和AND函数将其写成公式：
　　=IF(AND(C盘安全吗？,D盘安全吗？,E盘安全吗？,F盘安全吗？),"系统很安全","系统存在病毒威胁")
　　IF根据AND返回的结果是TRUE还是FALSE，来选择输出"系统很安全"还是"系统存在威胁"的结论。
　　正因为可以直接将所有需要判断的条件丢给AND，所以可以借助AND函数解决图3-15中判断面粉是否合格的问题，公式为：
　　=IF(AND(B2>=495,B2<=500),"合格","不合格")
　　效果如图3-20所示。

| C2 | | fx | =IF(AND(B2>=495,B2<=500),"合格","不合格") | | | |

	A	B	C	D	E	F
1	产品编号	质量(克)	是否合格			
2	MF10001	506	不合格			
3	MF10002	492	不合格			
4	MF10003	507	不合格			
5	MF10004	496	合格			
6	MF10005	495	合格			
7	MF10006	509	不合格			
8	MF10007	493	不合格			
9	MF10008	496	合格			
10	MF10009	509	不合格			
11	MF10010	508	不合格			
12						

面粉合格的条件有两个：一是质量不小于495，二是质量不超过500。所以将这两个条件设置为AND函数的参数：

AND(B2>=495,B2<=500)

图 3-20　使用公式判断面粉是否合格

第1参数是执行比较运算的表达式，当B2的数值大于或等于495时，返回TRUE，否则返回FALSE

AND(B2>=495,B2<=500)

第2参数也是执行比较运算的表达式，当B2的数值小于或等于500时，返回TRUE，否则返回FALSE

你可以阅读如表 3-1所示的几个例子来进一步认识AND函数。

表 3-1　AND函数的公式举例

公式举例	公式结果
=AND(21>3,3<21)	TRUE
=AND(4>3,3>1,2>10)	FALSE
=AND(12=2,2<4)	FALSE
=AND(9>1,4<10,3=3)	TRUE

提示

无论是AND，还是后文即将提到的OR和NOT函数，它们的参数都只能是逻辑值TRUE和FALSE，或计算结果是TRUE和FALSE的表达式。

3.3.3 使用OR函数判断是否满足多个条件中的某个条件

使用AND函数判断多个条件时，只有当所有条件都返回TRUE时，函数才返回TRUE。而OR函数刚好相反，只有当所有条件都返回FALSE时，函数才返回FALSE，如图 3-21所示。

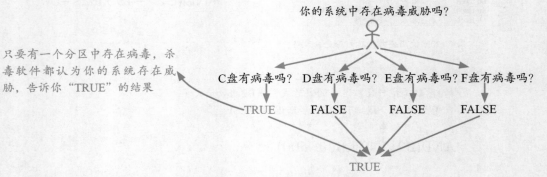

图 3-21　杀毒软件的扫描过程

无论有多少个参数，只要其中有一个参数返回TRUE，OR函数都返回TRUE。

单位的人事制度规定，职工年龄达到50岁或工龄达到30年即可申请退休，想判断某个职工是否可以申请退休，可以使用OR函数处理，如图 3-22所示。

只要有一个条件成立，OR函数就返回TRUE

=IF(OR(B2>=50,C2>=30),"是","否")

职工姓名	周岁	工龄	是否可以申请退休	
张少华	49	15	否	
刘江平	52	31	是	
邓朝会	36	28	否	
江艺	54	29	是	
万先平	26	6	否	
吕仙	31	9	否	
冯玉祥	50	31	是	
邓少华	56	25	是	
刘平	38	10	否	

图 3-22　判断员工是否可以退休

年龄达到50岁**或**工龄达到30年，这是可申请退休的条件，不同条件之间用"或"连接。而公式中的OR就是用来代替人类语言中的"或"字的函数。

同AND函数一样，OR函数可以有1到255个参数，如表 3-2所示，列举了部分OR函数的公式，你可以通过它们进一步了解OR函数的用法。

表 3-2　OR函数的公式举例

公式举例	公式结果
=OR(21>3,3<21)	TRUE
=OR(4>13,3>11,2>10)	FALSE
=OR(12=2,2<4)	TRUE
=OR(9>11,40<10,2=3)	FALSE

3.3.4　使用NOT函数求相反的逻辑值

NOT函数用于求与它的参数相反的值，如NOT(长)＝短，NOT(美)=丑，类似于语文里的写反义词。

当然，这只是NOT函数的思维方式，在实际应用时，NOT函数的参数只能是逻辑值或返回结果是逻辑值的表达式。如：

NOT(3>2)＝FALSE

NOT(TRUE)=FALSE

NOT(2=3)=TRUE

NOT函数只有一个参数，如参数为TRUE则函数返回FALSE，参数是FALSE则函数返回TRUE，如表 3-3所示。

表 3-3　NOT函数的公式举例

公式举例	公式结果
=NOT(FALSE)	TRUE
=NOT(TRUE)	FALSE
=NOT(1>3)	TRUE
=NOT(3<9)	FALSE

提示

　　如果NOT函数的参数是一个表达式，Excel会先计算这个表达式，然后再将计算结果作为NOT函数的参数。如在公式"=NOT(3<9)"中，Excel会先计算"3<9"的值（返回TRUE），然后再将返回结果设置为NOT函数的参数进行计算。

　　NOT函数很好理解，但使用的频率却不高，通常情况下，大家都喜欢使用其他办法代替它，如：

　　=IF(NOT(A1<0),"保持水平","下降")

可以使用下面的公式代替：

　　=IF(A1>=0,"保持水平","下降")

　　"A1<0" 与 "A1>=0" 的计算结果刚好相反，所以可以使用 "A1>=0" 代替 "NOT(A1<0)"，这样的公式会更容易理解

用函数进行数学运算与数据统计

还记得第1章开始时，我们提到的那些关于求和与计数的小故事吗？

类似的故事，相信你也见到或亲身经历过，笨拙得可爱的雷人做法，每每想起，总会令我们忍俊不禁。

事实上，求和、求平均值、条件求和、条件计数……几乎所有你能想到的数学运算与统计问题，都能在Excel中找到解决的函数。

Excel能完成的运算和统计超出你的想象。

第1节　求和运算，首选SUM函数

4.1.1　为什么需要使用函数求和

求和运算，是最简单的数学运算，直接将数据相加即可。So Easy!

想求A2:A15中所有数据的和，也许你会使用这样的公式：

$$=A2+A3+A4+A5+A6+A7+A8+A9+A10+A11+A12+A13+A14+A15$$

直接将数学里的计算式用Excel的语言"翻译"过来，这是最简单、最原始的Excel公式，但随着问题需求的变化，这种公式的弊端就逐渐暴露出来了……

求A1:A10000中所有数据的和，10000个数据逐个相加，我得加到什么时候？

随着求和数据的增加，公式会变得越来越长，不仅不易编写，而且容易出错。

很显然，使用直接翻译得到的公式在很多场合并不适用，于是，专门用于数学运算的函数应运而生。

4.1.2　使用SUM函数的优势

SUM函数专门用来执行求和运算，想对哪些数据求和，就将它们写在函数名称后面的括号中，如想求A1:A10000中数据的和，就将公式写为：

=SUM(A1:A10000)

效果如图 4-1所示。

公式等同于：
=A1+A2+A3+······+A9999+A10000

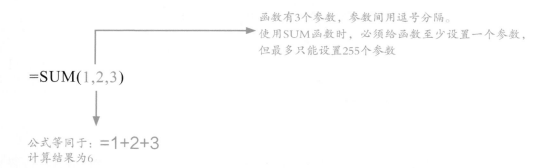

图 4-1 使用SUM函数求数据的和

无论参数中有多少个数据，SUM函数都会逐个将它们进行相加，如：

函数有3个参数，参数间用逗号分隔。
使用SUM函数时，必须给函数至少设置一个参数，
但最多只能设置255个参数

=SUM(1,2,3)

公式等同于：=1+2+3
计算结果为6

除了单元格引用和数值，SUM函数的参数还可以是其他公式的计算结果，如：

4是数值常量

第2个参数是公式

=SUM(4,SUM(3,3),A1)

函数会自动求参数中包
含的所有数值的和

第3个参数是单元格引用

将单元格引用设置为SUM的参数，如果单元格中包含非数值类型的数据，聪明的
SUM函数会忽略它们，只计算其中的数值，如图 4-2所示。

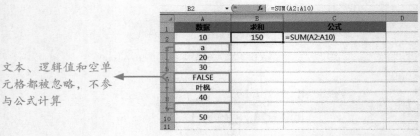

文本、逻辑值和空单元格都被忽略，不参与公式计算

图 4-2　SUM函数忽略单元格中的文本和逻辑值

但SUM函数不会忽略错误值，参数中如果包含错误，公式将返回错误，如图 4-3所示。

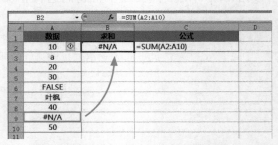

图 4-3　SUM函数不能处理错误值

SUM函数可以忽略单元格区域中的文本和逻辑值，但如果将文本或逻辑值直接设置为SUM函数的参数，SUM并不会忽略它们，如图 4-4所示。

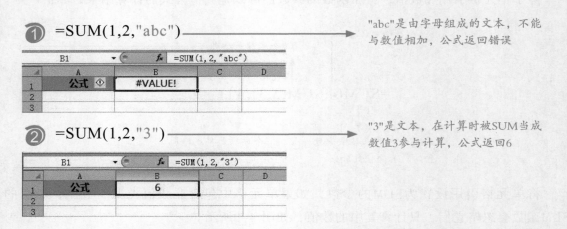

① =SUM(1,2,"abc") —— "abc"是由字母组成的文本，不能与数值相加，公式返回错误

② =SUM(1,2,"3") —— "3"是文本，在计算时被SUM当成数值3参与计算，公式返回6

③ =SUM(1,2,TRUE) —————→ 逻辑值TRUE被当成数值1参与计算，公式返回4

④ =SUM(1,2,FALSE) —————→ 逻辑值FALSE被当成数值0参与计算，公式返回3

图 4-4　SUM函数不忽略直接设置为参数的文本和逻辑值

"3"和"abc"都是文本,可为什么"3"能参与求和运算，而"abc"不可以？

　　无论是什么类型的数据，只要将其直接单独设置为SUM函数的参数，SUM都不会忽略它。如果该数据不是数值类型的数据，SUM会先看该数据能否转换为某个数值，如果能，SUM会将其转为对应的数值后再让其参与求和运算。

　　"abc"是一个由字母组成的文本，SUM不能将其转为数值，不知道该怎么处理它，所以返回错误值。当面对"3"时，因为这个文本由纯数字组成，SUM在计算时会将其当成数值3来处理，所以能完成正常的求和运算。

　　任意一个由纯数字组成的文本都能转为数值，数值的大小与组成文本的数字相同。

TRUE不是由数字组成的文本，为什么也能参与SUM函数的求和运算？

同纯数字组成的文本一样，逻辑值和数值也是存在关联的两种数据。

逻辑值也能转换为数值，其中TRUE可以转换为数值1，FLASE可以转换为数值0。将逻辑值TRUE或FLASE直接设置为SUM的参数时，SUM会先将其转换为对应的数值，再让其参与求和运算。

所有纯数字组成的文本和逻辑值，在直接参与数学运算时，都会按这种规则转换其数据类型。

第2节　使用SUMIF按条件求和

4.2.1　什么时候需要使用SUMIF

作为求和函数，SUM会对参数中的所有数值进行求和，但有时我们并不想这样，如图4-5所示。

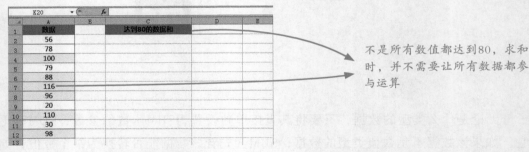

图 4-5　求达到80的数据和

只对达到80的数据求和，可SUM函数并不会替我们剔除那些小于80的数据。

如果使用公式"=SUM(A2:A12)"，那小于80的数据也会参与求和运算。显然，这并不符合我们的需求，如图 4-6所示。

这个结果是A2:A12中所有数据，
而不只是达到80的数据和

图 4-6　SUM不能完成条件求和

只对满足条件的数据求和，类
似这样的 条件求和 问题，
可以使用SUMIF函数。

SUMIF就是专门为解决条件求和问题而准备的函数。

"对A2:A12中的达到80的数据求和。"这一问题使用SUMIF函数解决的方法如图4-7所示。

$$=SUMIF(A2:A12,">=80")$$

图 4-7　使用SUMIF进行条件求和

4.2.2　为SUMIF设置求和条件

在公式"=SUMIF(A2:A12,">=80")"中，我们替SUMIF设置了两个参数，各个参数的用途相信你一定已经猜到了吧？

第1参数是要求和的数据

$$=SUMIF(A2:A12,">=80")$$

第2参数是求和的条件。">=80"表示在求和时，只让第一参数中大于或等于80的数据参与求和运算

　　其实在这个公式中，第1参数的A2:A12，同时扮演"条件区域"和"求和区域"两个角色，第2参数用于指定需要对求和区域中的哪些数据进行求和。在计算时，聪明的SUMIF会依次判断A2:A12中的每个数据是否达到80，如果达到80，则让该数据参与计算，否则在计算时会忽略它，如图4-8所示。

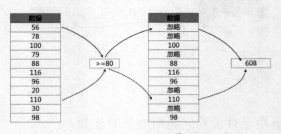

图4-8　SUMIF的计算过程

你可以通过修改第2参数的字符串来修改求和的条件。

❶ 求A2:A12中所有小于60的数据和：

=SUMIF(A2:A12,"<60")

❷ 求A2:A12中所有不等于100的数据和：

=SUMIF(A2:A12,"<>100")

❸ 求A2:A12中所有等于100的数据和：

=SUMIF(A2:A12,"=100")

或：

=SUMIF(A2:A12,"100")

4.2.3　忽略求和区域中的错误值

　　错误值是一种最令人讨厌的数据，不仅影响表格的美观，还会为汇总数据带来许多麻烦，如图 4-9 所示。

=SUM(A2:A10)

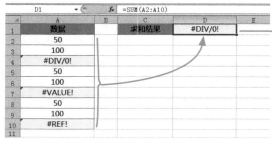

在计算时，SUM无法处理数据区域中的错误值，因此返回错误值

图 4-9　汇总存在错误值的数据

　　SUM不会忽略参数中的错误值，但如果使用SUMIF函数，就能通过设置参数屏蔽它们，如图 4-10 所示。

"9E+307" 是科学记数法的形式，相当于 "9×10^{307}"。是一个很大的数，接近Excel能处理的最大数值

=SUMIF(A2:A10,"<=9E+307")

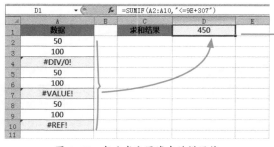

因为错误值比所有数值大，只对小于或等于9E+307的数据求和，就能避去了数据中的错误值

图 4-10　忽略求和区域中的错误值

注意

　　在Excel的单元格中可以键入的最大数值为 "9.99999999999999E+307"。但是在实际使用时，接触到这么大数值的可能性很小，所以我们常用 "9E+307" 来代替Excel中的最大数值。

4.2.4 使用可变的求和条件

如果将SUMIF的第2参数设置为固定的字符串，那函数的求和条件就固定了。但也许你想让函数的求和条件是一个可变的条件，以便解决你的问题，如图 4-11所示即为一例。

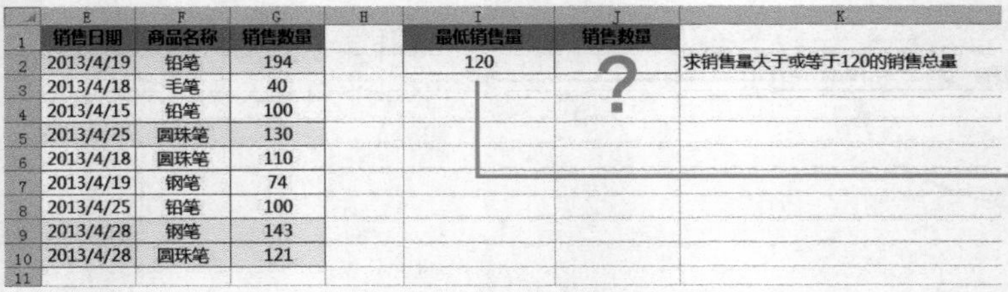

	E	F	G	H	I	J	K
1	销售日期	商品名称	销售数量		最低销售量	销售数量	
2	2013/4/19	铅笔	194		120	?	求销售量大于或等于120的销售总量
3	2013/4/18	毛笔	40				
4	2013/4/15	铅笔	100				
5	2013/4/25	圆珠笔	130				
6	2013/4/18	圆珠笔	110				
7	2013/4/19	钢笔	74				
8	2013/4/25	铅笔	100				
9	2013/4/28	钢笔	143				
10	2013/4/28	圆珠笔	121				
11							

求G列中大于或等于120的所有销售数量的和。当修改120为其他数值时，求和的条件随之也发生更改

图 4-11 可变的求和条件

要对哪些数据进行求和运算，由I2中的数据确定。你可以通过设置SUMIF函数的第2参数来实现这一目的，如图 4-12所示。

=SUMIF(G2:G10,">="&I2)

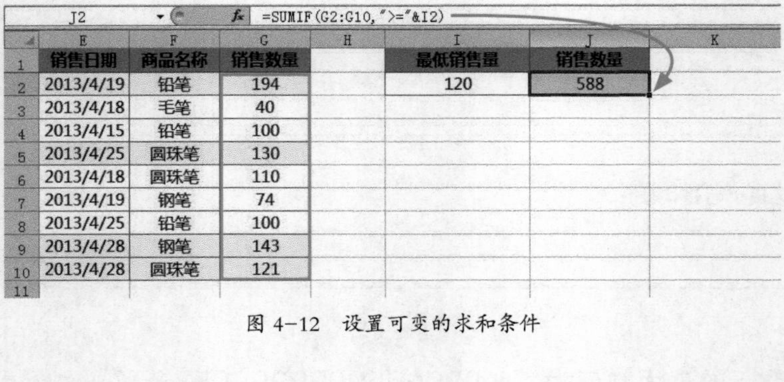

J2 =SUMIF(G2:G10,">="&I2)

	E	F	G	H	I	J	K
1	销售日期	商品名称	销售数量		最低销售量	销售数量	
2	2013/4/19	铅笔	194		120	588	
3	2013/4/18	毛笔	40				
4	2013/4/15	铅笔	100				
5	2013/4/25	圆珠笔	130				
6	2013/4/18	圆珠笔	110				
7	2013/4/19	钢笔	74				
8	2013/4/25	铅笔	100				
9	2013/4/28	钢笔	143				
10	2013/4/28	圆珠笔	121				
11							

在SUMIF函数计算前，Excel会先计算">="&I2，得到函数的求和条件。I2的数据改变后，求和条件就会改变，SUMIF的结果也会更新

图 4-12 设置可变的求和条件

使用恰当的单元格引用样式，还可以通过填充功能，将公式的计算规则复制到其他单元格中，如图 4-13所示。

=SUMIF($G$2:$G$10,">="&I4)

第1参数使用绝对引用，复制得到的公式不会改变求和区域，第2参数中的I4使用相对引用，当向下填充公式时，求和条件会发生改变

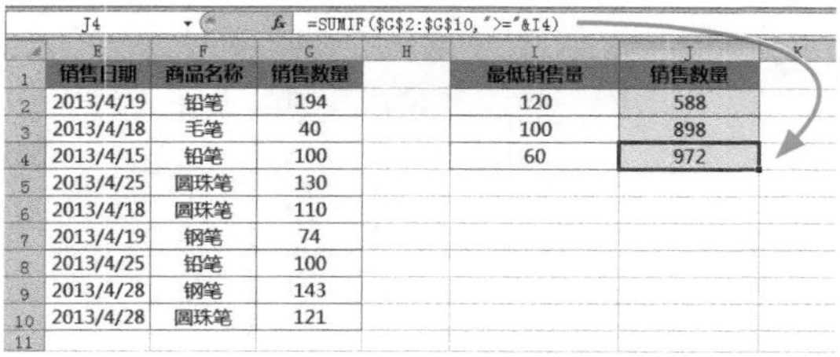

J4 =SUMIF($G$2:$G$10,">="&I4)

销售日期	商品名称	销售数量		最低销售量	销售数量
2013/4/19	铅笔	194		120	588
2013/4/18	毛笔	40		100	898
2013/4/15	铅笔	100		60	972
2013/4/25	圆珠笔	130			
2013/4/18	圆珠笔	110			
2013/4/19	钢笔	74			
2013/4/25	铅笔	100			
2013/4/28	钢笔	143			
2013/4/28	圆珠笔	121			

图 4-13 使用可变的求和条件

4.2.5 使用不可求和的条件区域

在公式“=SUMIF(A2:A12,">=80")”中，第1参数的A2:A12既是用于判断是否满足求和条件的条件区域，又是供函数进行求和运算的数据区域，如图 4-14所示。

=SUMIF(A2:A12,">=80")

D1 =SUMIF(A2:A12,">=80")

数据		达到80的数据和	608
56			
78			
100			
79			
88			
116			
96			
20			
110			
30			
98			

无论是判断求和条件的区域，还是执行求和运算的区域，都是这里

图 4-14 求满足条件的数据和

第1参数的区域既可用于条件判断，也可用于求和运算。但我们遇到的并不全是这样的问题，如图 4-15所示即为一例。

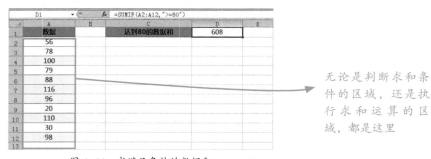

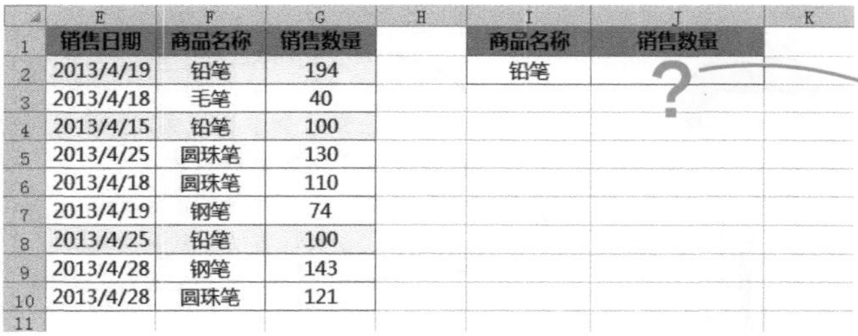

销售日期	商品名称	销售数量		商品名称	销售数量
2013/4/19	铅笔	194		铅笔	?
2013/4/18	毛笔	40			
2013/4/15	铅笔	100			
2013/4/25	圆珠笔	130			
2013/4/18	圆珠笔	110			
2013/4/19	钢笔	74			
2013/4/25	铅笔	100			
2013/4/28	钢笔	143			
2013/4/28	圆珠笔	121			

求所有“铅笔”的销售总量

图 4-15 求指定商品的销售数量

judging 判断是否满足求和条件的区域是F列的商品名称，用于求和的数据是G列的销售数量，二者并不是同一个区域，如图4-16所示。

F列的商品名称是求和的条件区域

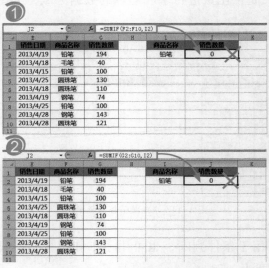

G列的销售数量是求和的数据区域

图4-16　条件区域和求和区域

无论你将公式设置为"=SUMIF(F2:F10,I2)"，还是"=SUMIF(G2:G10,I2)"都是错误的，如图4-17所示。

图4-17　错误的条件求和公式

如果只设置两个参数，第1参数将同时扮演条件区域和求和区域两个角色。但这个问题中的条件区域和求和区域并不相同，应该怎样设置公式呢？

既然条件区域和求和区域并不相同，那可以分别用不同的参数指定它们，SUMIF允许你这样设置，方法如图 4-18所示。

$$=SUMIF(F2:F10,I2,G2:G10)$$

图 4-18　根据商品名称求商品销售总量

在这个公式中，我们为SUMIF设置了3个参数。事实上，拥有3个参数的SUMF才是一个完整的SUMIF函数。而这3个参数的用途，相信你已经有了一个大致的了解吧？

4.2.6　SUMIF函数的参数介绍

完整的SUMIF函数一共有3个参数，分别用于指定条件区域、求和条件及求和区域。

$$=SUMIF(❶条件区域, ❷求和条件, ❸求和区域)$$

SUMIF函数通过这3个参数指定需要进行求和的数据，所图 4-19所示。

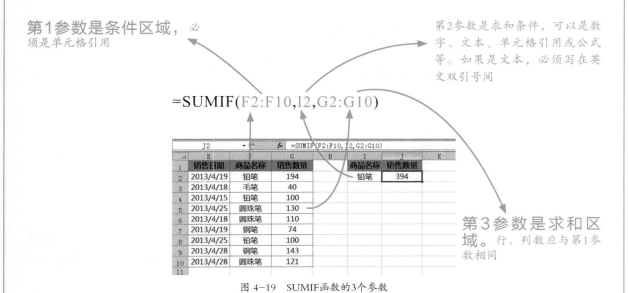

第1参数是条件区域，必须是单元格引用

第2参数是求和条件，可以是数字、文本、单元格引用或公式等。如果是文本，必须写在英文双引号间

$$=SUMIF(F2:F10,I2,G2:G10)$$

第3参数是求和区域。行、列数应与第1参数相同

图 4-19　SUMIF函数的3个参数

在计算时，SUMIF会先根据设置的求和条件，依次判断第1参数中的各个数据是否满足求和条件。如果满足求和条件，则将第3参数中对应位置的数据相加，否则忽略第3参数中对应位置的数据，如图 4-20所示。

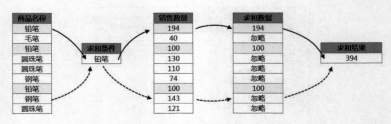

图 4-20 SUMIF函数的计算过程

第1参数与第3参数中的数据是一一对应的关系，只有当条件区域中的数据满足第2参数的求和条件时，才将对应的求和数据相加，这也就是为什么使用SUMIF时，要将第1参数、第3参数设置为行列数相等的单元格区域的原因。

那些只设置两个参数的SUMIF函数，只是省略了函数的第3参数，你可以替它补足省略的第3参数，如图 4-14中的公式可以改写为如图 4-21所示的样子。

第3参数与第1参数完全相同

=SUMIF(G2:G10,">="&I2,G2:G10)

图 4-21 第1参数和第3参数相同的SUMIF函数

之所以将第3参数省略，是因为第3参数和第1参数是完全相同的单元格区域。SUMIF允许你省略第3参数，如果省略了第3参数，SUMIF函数会自动将第1参数当成第3参数的求和区域，使其扮演两个不同的角色。

4.2.7 替SUMIF函数设置尺寸不匹配的第3参数

替SUMIF函数设置行列数匹配的第1参数、第3参数，是为了让SUMIF在计算时，清楚地知道条件区域中的条件应该对应哪个求和数据。

但这不是必须的做法。

就算你设置了与第1参数行列数不等的第3参数，SUMIF也能完成计算，如图 4-22所示。

=SUMIF(F2:F10,I2,G2)

J2 =SUMIF(F2:F10,I2,G2)

	E	F	G	H	I	J	K
1	销售日期	商品名称	销售数量		商品名称	销售数量	
2	2013/4/19	铅笔	194		圆珠笔	361	
3	2013/4/18	毛笔	40				
4	2013/4/15	铅笔	100				
5	2013/4/25	圆珠笔	130				
6	2013/4/18	圆珠笔	110				
7	2013/4/19	钢笔	74				
8	2013/4/25	铅笔	100				
9	2013/4/28	钢笔	143				
10	2013/4/28	圆珠笔	121				
11							

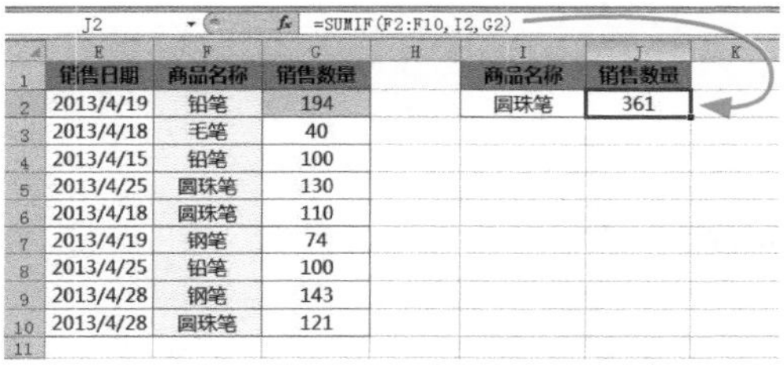

图 4-22 替SUMIF设置行列数不等的第3参数

如果第3参数的求和区域，与第1参数的条件区域行列数不等，聪明的SUMIF在计算前，会参照条件区域的行列数，重新确定一个行列数与条件区域相等的求和区域，然后再进行计算。

如果求和区域小于条件区域，计算时，SUMIF会对求和区域进行扩展，使其行列数与条件区域相同，如图 4-23所示。

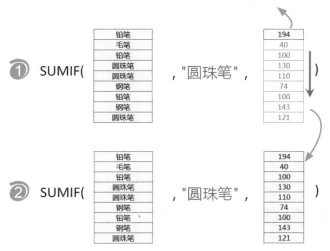

图 4-23 调整行列数不等的求和区域

如果求和区域大于条件区域，计算时，SUMIF会对求和区域进行收缩，如图4-24所示。

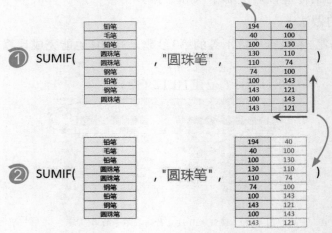

图4-24　调整行列数不等的求和区域

每次都让SUMIF函数重新确定求和区域，岂不是增加了SUMIF函数的负担？

是的，当第3参数与第1参数尺寸不同时，SUMIF函数在每次重新计算时，都会重新确定第3参数的求和区域，从而增大Excel的计算量。因此，除非必须需要，否则不建议使用这种设置方式。

4.2.8　按模糊条件对数据求和

在对数据进行条件求和时，并不是每次求和的条件都完全知道，如图 4-25所示。

我知道只有一位姓张的销售员工，但我却忘记了他的名字。**能根据他的姓氏求出他的销售总量吗？**

工作表中保存的是销售员工完整的姓名，并不仅仅只是姓氏

图 4-25　模糊的求和条件

只记得求和条件的部分信息——姓氏，类似这种不完整、不清晰的求和条件我们称为模糊条件，按模糊条件对数据求和，使用SUMIF的常规用法并不能解决，如图 4-26所示。

=SUMIF(F2:F10,I2,G2:G10)

图 4-26　不能完成模糊条件求和的公式

第1参数的条件区域是完整的姓名，第2参数的求和条件只是单独的姓氏，如果直接将姓氏设置为求和条件，SUMIF函数认为"张"就是销售员工姓名，因为F2:F10中的所有姓名都不是"张"，所以函数最终返回0，如图 4-27所示。

因为所有姓名都不是"张"，所以所有的数据在求和时都被忽略，被忽略的数据在求和时被当成0处理

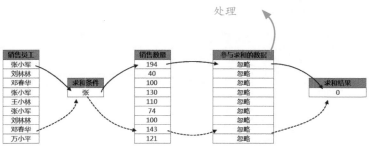

图 4-27　SUMIF函数的计算过程

113

有没有什么办法让SUMIF函数知道，"张"并不是完整的姓名，而只是姓名中的一部分？

办法当然有。

你可以在第2参数中使用通配符来设置求和条件，方法如图 4-28所示。

起到点石成金效果的，就是
"张"后面的星号"*"

为了公式更适用，我们可以将公式写为：
=SUMIF(F2:F10,I2&"*",G2:G10)

=SUMIF(F2:F10,"张*",G2:G10)

	E	F	G	H	I	J	K
J2				fx	=SUMIF(F2:F10,"张*",G2:G10)		
1	销售日期	销售员工	销售数量		销售员工	销售总量	
2	2013/4/19	张小军	194		张	398	
3	2013/4/18	刘林林	40				
4	2013/4/15	邓春华	100				
5	2013/4/25	张小军	130				
6	2013/4/18	王小林	110				
7	2013/4/19	张小军	74				
8	2013/4/25	刘林林	100				
9	2013/4/28	邓春华	143				
10	2013/4/28	万小平	121				
11							

图 4-28 设置模糊的求和条件

设置"张*"为求和条件后，只要姓名的第一个字是"张"，无论全名是什么，SUMIF函数都认为这是满足求和条件的记录，如图 4-29所示。

	E	F	G	H	I	J	K
O15				fx			
1	销售日期	销售员工	销售数量		销售员工	销售总量	
2	2013/4/19	张小军	194		张	519	
3	2013/4/18	刘林林	40				
4	2013/4/15	邓春华	100				
5	2013/4/25	张小军	130				
6	2013/4/18	王小林	110				
7	2013/4/19	张小军	74				
8	2013/4/25	刘林林	100				
9	2013/4/28	邓春华	143				
10	2013/4/28	张三	121				
11							

"张三"和"张小军"虽然是两个不同的名字，但因为使用了通配符，所以在SUMIF函数的眼中它们是相同的

图 4-29 在公式中使用通配符

这个设置在求和条件里，起到点石成金效果的星号"*"，我们称它为通配符，除了星号"*"，问号"?"是另一个可以在SUMIF函数中使用的通配符。

4.2.9　通配符就是通用的字符

公式中的通配符有星号"*"和问号"?"两个。

通配符就像游戏"癫子斗地主"中那张通用的"癫子牌"，你可以用它代替任意一张牌，与其他牌组合来玩游戏，如图 4-30 所示。

6是"癫子牌"，可以代替任意一张牌。所以你可以将这几张牌当成4个7使用

图 4-30　通用的"癫子牌"

"张*"是"张"和通配符"*"的组合，"*"可以代替任意字符。在SUMIF函数的眼中，"张*"等同于"张三"、"张林"、"张小军"、"张三李四王二麻子"等以"张"开头的任意字符串。

问号"?"和星号"*"都是通配符，它们的区别是什么？

"*"和"?"都是通配符，都可以代替任意的数字、字母、汉字或其他字符，区别在于可以代替的字符的数量。一个"?"只能代替一个任意的字符，而一个"*"可以代替任意个数的任意字符。

如"张?"可以代替"张三"、"张军"，但是不能代替"张小军"，因为"小军"是两个字符，而我们只使用了一个"?"。

但"张*"不仅可以代替"张三"，还可以代替"张小军"，甚至可以代替"张三李四王二麻字"，因为"*"可以代替任意个字符，无论"张"的后面跟什么字符，跟多少个字符，或者不跟任何字符，在Excel的眼中，它都等同于"张*"。

4.2.10 在SUMIF函数中使用通配符

也许你曾遇到过类似这样的表格及需求，如图 4-31所示。

图 4-31 需要求电视机的销售总量

我们想求所有电视机的销售总量，但表格中的商品名称却乱得没有规律。这是一件看上去非常麻烦的工作

解决这个问题的关键，在于判断商品是否为电视机，而所有商品名称中包含"电视机"的都是电视机，所以我们只需求商品名称中包含"电视机"的销售数量的和即可。可以使用通配符"*"和SUMIF函数解决，方法如图 4-32所示。

=SUMIF(A2:A11,"*电视机*",B2:B11)

图 4-32 求电视机的销售总量

代表任意多个字符，在"电视机"前后都加上，那商品名称包含"电视机"的记录都是要求和的记录

也可以将求和条件设置为公式，以解决动态的条件求和问题，如图 4-33所示。

$$=SUMIF(\$A\$2:\$A\$11,"*"\&D2\&"*",\$B\$2:\$B\$11)$$

E2		f_x =SUMIF($A$2:$A$11,"*"&D2&"*",$B$2:$B$11)			
	A	B	C	D	E	F
1	商品名称	销售数量		商品名称	销售数量	
2	长虹电视机	2		电视机	23	
3	Haier海尔电冰箱	3		冰箱	5	
4	TCL平板电视机	8		海尔	7	
5	三星手机	10				
6	三星智能电视	5				
7	美的电饭锅	6				
8	创维电视机3D	9				
9	手机索尼SONY	11				
10	电冰箱长虹品牌	2				
11	海尔电视机57寸	4				
12						

改变E列的商品名称，或填充公式到其他单元格，都可以求出对应的商品的销售数量

图 4-33　设置动态的求和条件

使用的通配符不同，代表的求和条件不同，能解决的问题也不同。如果要求"海尔"两个字开头的商品的销售总量，可以用公式：

$$=SUMIF(A2:A11,"海尔*",B2:B11)$$

要求商品名称长度为4个字符的商品销售总量可以用公式：

$$=SUMIF(A2:A11,"????",B2:B11)$$

求第2、3两个字是"冰箱"的商品销售总量可以用公式：

$$=SUMIF(A2:A11,"?冰箱*",B2:B11)$$

参照这些例子，你一定能写出很多类似的公式来，自己动手试试吧。

4.2.11　设置多行多列的条件区域

在前面的例子中，我们给SUMIF函数设置的条件区域只是单独的1列（或1行）数据，但这种设置方法并不适用于如图 4-34所示的问题。

需要计算所有铅笔的销售总量，但商品名称和销售
数量保存在不同的列中

商品名称	销售数量	商品名称	销售数量	商品名称	销售数量	K	商品名称	销售总量
圆珠笔	53	激光笔	63	削笔刀	22		铅笔	？
素描纸	41	素描纸	22	激光笔	69			
中性笔	69	圆珠笔	32	削笔刀	33			
素描纸	41	削笔刀	57	激光笔	24			
削笔刀	31	削笔刀	48	激光笔	32			
削笔刀	43	圆珠笔	46	铅笔	42			
笔袋	64	毛笔	36	毛笔	22			
中性笔	61	素描纸	68	橡皮	58			
铅笔	20	橡皮	53	削笔刀	33			
笔袋	20	激光笔	29	激光笔	65			
素描纸	34	削笔刀	48	削笔刀	51			
毛笔	65	毛笔	45	笔袋	40			
铅笔	64	中性笔	39	橡皮	23			

图 4-34　多行多列的数据表

　　分别求出每列中满足条件的数据和，再将各个结果相加得到全部的销售总量，当然可以用如图 4-35所示的方法解决。

$$=SUMIF(E2:E14,L2,F2:F14)+SUMIF(G2:G14,L2,H2:H14)+$$
$$SUMIF(I2:I14,L2,J2:J14)$$

M2 　▼　 fx　=SUMIF(E2:E14, L2, F2:F14)+SUMIF(G2:G14, L2, H2:H14)+SUMIF(I2:I14, L2, J2:J14)

商品名称	销售数量	商品名称	销售数量	商品名称	销售数量	K	商品名称	销售总量	N
圆珠笔	53	激光笔	63	削笔刀	22		铅笔	126	
素描纸	41	素描纸	22	激光笔	69				
中性笔	69	圆珠笔	32	削笔刀	33				
素描纸	41	削笔刀	57	激光笔	24				
削笔刀	31	削笔刀	48	激光笔	32				
削笔刀	43	圆珠笔	46	铅笔	42				
笔袋	64	毛笔	36	毛笔	22				
中性笔	61	素描纸	68	橡皮	58				
铅笔	20	橡皮	53	削笔刀	33				
笔袋	20	激光笔	29	激光笔	65				
素描纸	34	削笔刀	48	削笔刀	51				
毛笔	65	毛笔	45	笔袋	40				
铅笔	64	中性笔	39	橡皮	23				

图 4-35　使用多个SUMIF函数解决问题

如果销售数量保存在100列中，我需要使
用100个SUMIF分别求出各列的数据和，
再相加以求得全部销售数量吗？这真不
是一个好的解决办法。

　　尽管我们不建议将数据表做成这样，但却不能保证自己不会遇到这样的表格及求和
问题。

为了简便，要将多列数据先合并成一列，再使用公式计算吗？

　　我想不会有人觉得合并多列数据为一列，会比使用多个SUMIF函数求和简单多少。虽然这张表格的布局不利于数据管理与分析，但要解决该例中的问题并不麻烦，只用一个SUMIF函数就可以了，方法如图 4-36 所示。

$$=SUMIF(E2:I14,L2,F2:J14)$$

商品名称	销售数量	商品名称	销售数量	商品名称	销售数量		商品名称	销售总量
圆珠笔	53	激光笔	63	削笔刀	22		铅笔	126
素描纸	41	素描纸	22	激光笔	69			
中性笔	69	圆珠笔	32	削笔刀	33			
素描纸	41	削笔刀	57	激光笔	24			
削笔刀	31	削笔刀	48	激光笔	32			
削笔刀	43	圆珠笔	46	铅笔	42			
笔袋	64	毛笔	36	毛笔	22			
中性笔	61	素描纸	68	橡皮	58			
铅笔	20	橡皮	53	削笔刀	33			
笔袋	20	激光笔	29	激光笔	65			
素描纸	34	削笔刀	48	削笔刀	51			
毛笔	65	毛笔	45	笔袋	40			
铅笔	64	中性笔	39	橡皮	23			

图 4-36　设置多行多列的条件和求和区域

　　SUMIF函数允许你替它设置多行多列的条件和求和区域。

　　面对多行多列的条件区域，在计算时，SUMIF函数会依次判断这个区域中的各个数据是否满足求和的条件，如果满足求和条件，则将第3参数中对应位置的数据相加，再输出最后的求和结果，如图 4-37 所示。

图 4-37　SUMIF函数的计算过程

在使用SUMIF函数时，条件区域可以设置为一行、一列或多行多列的单元格区域，因为SUMIF函数在计算时，总是根据一一对应的关系确定第3参数中需要求和的数据，这与单元格的行列数无关。

4.2.12　求最后一次借书的总数

如图 4-38所示，是一张保存了多名同学借书数据的表格，现在我们想求各位同学最后一次借书的总册数。

每行第1个空单元格前的数据（加底纹颜色的单元格），就是各个同学最后1次借书的数量。将这些单元格的数据相加，就是要求的最后一次借书的总数

姓名	借书册数					
	星期一	星期二	星期三	星期四	星期五	
刘晓露	5	2	3	7		
方小影	3	2				
谢吉吉	1	3	5			
罗小丫	2	3				
张丽	8	2	4	5	6	
万春春	3	5				
宋林	1	3	2			
叶枫	8	2	3	1	2	
空空	2	3	5			

图 4-38　图书借阅情况登记表

参照前一个例子，你能想到解决这个问题的方法吗？这是一个测试自己的好机会。你可以先想一想，然后再看我们的解决方案。

每个参与求和的数据，都在每行第1个空单元格的左边，这是它们的共同点，可以将其设置为求和条件。

空单元格左侧第1个单元格中的数据和，就是我们最终要求的结果，如果使用SUMIF函数解决，方法如图 4-39所示。

一对英文半角双引号表示一个长度为0、不含任何字符的文本，空单元格什么也没有，它和文本""或数值0在很多情况下都是等同的

=SUMIF(G3:K11,"",F3:J11)

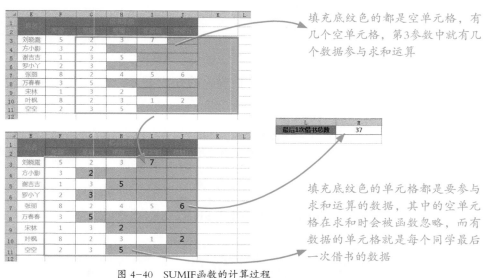

图 4-39　求最后一次借书的总册数

在计算时，SUMIF 函数会逐个判断G3:K11中的每个单元格是否空单元格，如果是空单元格，则将F3:J11中对应位置的数据相加，如图 4-40所示。

填充底纹色的都是空单元格，有几个空单元格，第3参数中就有几个数据参与求和运算

填充底纹色的单元格都是要参与求和运算的数据，其中的空单元格在求和时会被函数忽略，而有数据的单元格就是每个同学最后一次借书的数据

图 4-40　SUMIF函数的计算过程

4.2.13　让SUMIF替你查询商品的单价

在你的表格中，可能需要让商品的单价参与你的数据运算，但单价却保存在其他区域或工作表中，如图 4-41所示。

销售金额=销售数量*商品单价，但商品
单价需要我们在参照表中查询得到

销售日期	商品名称	销售数量	销售金额/元		商品名称	商品单价/元	
2013/4/19	铅笔	194			铅笔	2	
2013/4/18	毛笔	40			毛笔	18	
2013/4/15	铅笔	100			圆珠笔	5	
2013/4/25	圆珠笔	130			钢笔	25	
2013/4/18	圆珠笔	110					
2013/4/19	钢笔	74					
2013/4/25	铅笔	100					
2013/4/28	钢笔	143					
2013/4/28	圆珠笔	121					

图 4-41　商品的销售数量及单价

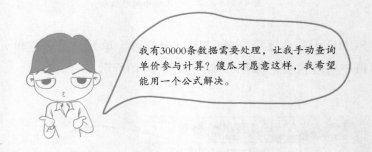

我有30000条数据需要处理，让我手动查询
单价参与计算？傻瓜才愿意这样，我希望
能用一个公式解决。

　　当然可以使用一个公式解决，并且解决的办法不只一种，使用SUMIF函数解决的方法
如图 4-42所示。

因为价格参照表中同一商品名称只出现一次，所以使用SUMIF函数按商
品名称求和的结果就是商品的单价，让SUMIF函数的结果与G2的销售
数量相乘，即可得到商品的销售金额

=SUMIF($J$2:$J$5,F2,$K$2:$K$5)*G2

H2	▼	f_x	=SUMIF($J$2:$J$5,F2,$K$2:$K$5)*G2				
销售日期	商品名称	销售数量	销售金额/元		商品名称	商品单价/元	
2013/4/19	铅笔	194	388		铅笔	2	
2013/4/18	毛笔	40	720		毛笔	18	
2013/4/15	铅笔	100	200		圆珠笔	5	
2013/4/25	圆珠笔	130	650		钢笔	25	
2013/4/18	圆珠笔	110	550				
2013/4/19	钢笔	74	1850				
2013/4/25	铅笔	100	200				
2013/4/28	钢笔	143	3575				
2013/4/28	圆珠笔	121	605				

图 4-42　使用SUMIF函数查询商品单价

这个使用SUMIF函数"查询"商品单价的用法，利用了参照表中不存在重复商品名称这一特点。但通常，类似的查询任务我们都交给VLOOKUP等函数解决，想了解VLOOKUP函数的用法可以阅读第6章第1节中的相关内容。

> 除了我们介绍的这些，你一定想到了许多条件求和的问题，你能想到怎样设置公式吗？为什么不尝试写下来，并在Excel中验证一下对错？

第3节　多条件求和，更方便的SUMIFS函数

4.3.1　SUMIF函数不能解决的条件求和问题

SUMIF函数虽然有很多用途，但对类似图4-43所示的多条件求和问题却无能为力。

"**求张三销售的电视机总数量**"，销售员工是张三，且商品是电视机，求和的条件是两个，如果使用SUMIF函数解决，你怎样设置求和条件？

	A	B	C	D	E	F	G	H
1	销售员工	商品名称	销售数量		销售员工	商品名称	销售数量	
2	张三	电视机	2		张三	电视机		
3	李四	电视机	3				?	
4	张三	电冰箱	8					
5	李四	手机	10					
6	张三	手机	5					
7	李四	电饭锅	6					
8	张三	电视机	9					
9	李四	手机	11					
10	张三	电视机	2					
11	李四	电视机	4					
12								

图 4-43　双条件求和问题

SUMIF函数只提供第2参数供你设置求和条件，在不使用辅助列的情况下，只能解决单条件求和的问题。

如果要解决多条件求和问题，可以使用另一个函数——SUMIFS。

4.3.2 使用SUMIFS函数进行多条件求和

SUMIFS函数是SUMIF函数的升级版，它是Excel 2007及之后版本才能使用的函数，是解决多条件求和问题的最佳选择，用法类似SUMIF函数。如图 4-44所示。

在这个问题中，我们替SUMIFS函数设置了5个参数，5个参数的作用是什么? 你能猜到它们的用途吗?

=SUMIFS(C2:C11,A2:A11,"张三",B2:B11,"电视机")

	A	B	C	D	E	F	G	H
	销售员工	商品名称	销售数量		销售员工	商品名称	销售数量	
1								
2	张三	电视机	2		张三	电视机	13	
3	李四	电视机	3					
4	张三	电冰箱	8					
5	李四	手机	10					
6	张三	手机	5					
7	李四	电饭锅	6					
8	张三	电视机	9					
9	李四	手机	11					
10	张三	电视机	2					
11	李四	电视机	4					
12								

图 4-44 使用SUMIFS函数进行双条件求和

使用SUMIFS函数时，函数的第1参数为求和区域，之后的每2个参数为1组，指定一个求和条件。如：第2参数、第3参数为要求和的条件1，第4参数、第5参数为要求和的条件2。

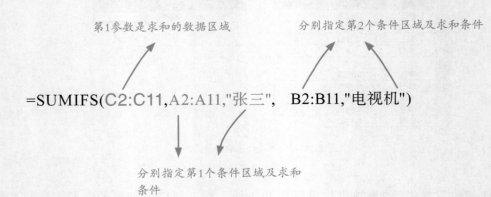

第1参数是求和的数据区域　　　分别指定第2个条件区域及求和条件

=SUMIFS(C2:C11,A2:A11,"张三",　B2:B11,"电视机")

分别指定第1个条件区域及求和条件

=SUMIFS(求和区域, 条件1区域, 条件1, 条件2区域, 条件2, ……, 条件n区域, 条件n)

真是一个很棒的函数，可以设置127个求和条件，还有什么条件求和问题是它不能解决的呢？有了它，我甚至可以放弃SUMIF函数了。

　　因为最多可以给函数设置255个参数，所以在使用SUMIFS函数时，最多可以为其指定127个求和条件。

4.3.3　在SUMIFS函数中使用通配符

　　作为SUMIF函数的升级版，SUMIFS函数的用法与SUMIF函数几乎完全相同，也可以使用通配符设置模糊的求和条件，如图 4-45所示。

$$=SUMIFS(C2:C11,A2:A11,"张三",B2:B11,"*电视机*")$$

	G2	▾	fx	=SUMIFS(C2:C11,A2:A11,"张三",B2:B11,"*电视机*")			
	A	B	C	D	E	F	G	H
1	销售员工	商品名称	销售数量		销售员工	商品名称	销售数量	
2	张三	海尔电视机	2		张三	电视机	13	
3	李四	电视机	3					
4	张三	电冰箱	8					
5	李四	手机	10					
6	张三	手机	5					
7	李四	电饭锅	6					
8	张三	电视机智能网络	9					
9	李四	手机	11					
10	张三	网络电视机3D	2					
11	李四	电视机	4					
12								

求**张三**销售的商品中，名称**包含**"**电视机**"的商品的销售总量

图 4-45　使用通配符设置求和条件

　　与SUMIF函数不同的是：当求和区域与条件区域行列数不等时，SUMIFS函数并不会重新确定一个适合的求和区域，所以，在替函数设置参数时，应保证每个条件区域的行列数都与求和区域的行列数相同，否则公式将返回错误值，如图 4-46所示。

求和区域与条件区域的行列数不等，
SUMIFS函数无法完成计算

=SUMIFS(C2:C3,A2:A11,"张三",B2:B11,"*电视机*")

销售员工	商品名称	销售数量		销售员工	商品名称	销售数量
张三	海尔电视机	2		张三	电视机①	#VALUE!
李四	电视机	3				
张三	电冰箱	8				
李四	手机	10				
张三	手机	5				
李四	电饭锅	6				
张三	电视机智能网络	9				
李四	手机	11				
张三	网络电视机3D	2				
李四	电视机	4				

图 4-46 设置行列数不匹配参数

必须设置行列数匹配的条件和求和
区域，这一点与SUMIF函数不同，
使用时，你一定要注意哦。

第4节　求指定数据的平均值

4.4.1　求平均值，最常用的AVERAGE函数

求数据的平均值，最常用的函数当属AVERAGE函数，如图 4-47所示，即为使用AVERAGE求平均成绩的方法。

=AVERAGE(C2:C10) ———▶ 求C2:C10区域中数据的平均值

姓名	班级	语文	数学	英语	物理	总分
胡勇	八4班	95	96	91	78	360
荣小平	八1班	95	78	85	70	328
臧光阳	八3班	82	96	69	94	341
李阳	八2班	65	65	81	60	271
杨超	八3班	88	69	70	57	284
曹波	八4班	78	70	97	95	340
杨云	八1班	69	99	82	88	338
周艳	八1班	80	87	67	85	319
罗万红	八2班	96	94	95	91	376
平均分		83.1111	83.7778	81.8889	79.7778	328.55556

图 4-47 使用AVERAGE计算平均分

要计算谁的平均值，就将谁设置为AVERAGE函数的参数。

同SUM函数一样，你最多可以给AVERAGE函数设置255个参数。并且如果参数是单元格引用，函数只对其中数值类型的数据进行运算，文本、逻辑值、空单元格等都会被函数忽略，如图 4-48所示。

=AVERAGE(A2:A10)

只有A2和A3中的数据是数值类型，函数只对这两个数据求平均值

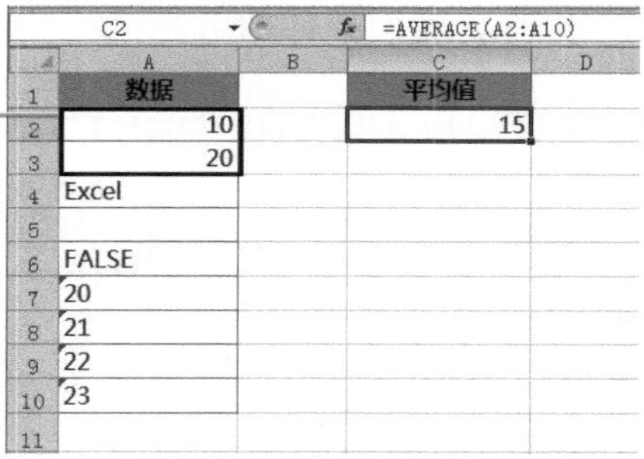

图 4-48　忽略单元格中非数值类型的数据

如果直接将文本类型的数字或逻辑值设置为函数的参数，函数会将其转为对应的数值，再让其参与求平均值计算，如图 4-49所示。

=AVERAGE(A2:A10,"49",TRUE)

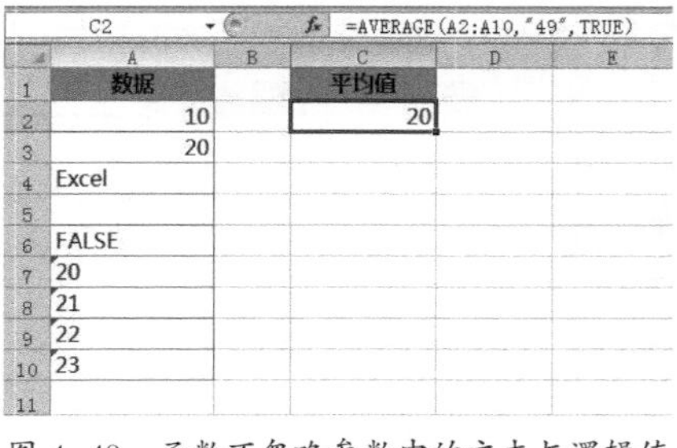

该公式实际是求10、20、49和1这4个数据的平均值，其中49和1分别是由文本"49"和逻辑值TRUE转换而来

图 4-49　函数不忽略参数中的文本与逻辑值

> AVERAGE函数的计算规则原来和SUM函数完全一样，那我岂不是可以直接参照SUM函数的用法来使用它吗?

是的，完全一样，只要你会用SUM函数，那使用AVERAGE函数将是一件轻而易举的事。

其实AVERAGE函数与SUM函数不仅仅在使用方法上相同，我们后面将介绍的AVERAGEIF函数和AVERAGEIFS函数的使用方法，也分别和SUMIF函数及SUMIFS函数相同，只要你掌握了前面的内容，后面的学习对你来说将会非常简单。

4.4.2　使用AVERAGEIF函数按单条件求平均值

使用AVERAGEIF函数可以求满足某个条件的数据的平均值，如图 4-50所示。

=AVERAGEIF(A1:A10,">=60")

	A	B	C	D	E
1	39		求达到60的数据的平均值	75	
2	55				
3	80				
4	35				
5	60				
6	37				
7	95				
8	52				
9	65				
10	45				
11					

图 4-50　求达到60的数据的平均值

看到这个公式的结构，你一定觉得非常熟悉，因为它就像前面介绍过的SUMIF函数。当你试着像使用SUMIF函数那样使用它，你会发现没有任何问题，如图 4-51所示。

=AVERAGEIF(A1:A10,">=60",A1:A10)

	A	B	C	D	E
1	39		求达到60的数据的平均值	75	
2	55				
3	80				
4	35				
5	60				
6	37				
7	95				
8	52				
9	65				
10	45				
11					

图 4-51　使用3个参数的AVERAGEIF函数

是的，AVERAGEIF就是SUMIF函数的克隆版，它也有3个参数，分别用于指定条件区域、求值条件及求值区域。

=AVERAGEIF(**❶** 条件区域, **❷** 求值条件, **❸** 求值区域)

第3参数可以省略，如果省略，函数会将第1参数同时当成条件区域和求值区域。如果你设置了一个与第1参数尺寸不同的第3参数，函数计算时也会重新确定求值区域的大小

4.4.3　使用AVERAGEIF函数求各科平均成绩

为AVERAGEIF函数设置参数时，使用适当的单元格引用类型，可以只使用一个公式就计算出如图4-52所示的成绩表中各班、各学科的平均成绩。

=AVERAGEIF($B$2:$B$10,$I3,C$2:C$10)

J3			*f*x	=AVERAGEIF($B$2:$B$10,$I3,C$2:C$10)								
	A	B	C	D	E	F	G	H	I	J	K	L	M	N	O
1	姓名	班级	语文	数学	英语	物理	总分		班级	平均分统计				
2	胡勇	八4班	95	96	91	78	360			语文	数学	英语	物理	总分
3	荣小平	八1班	95	78	85	70	328		八1班	81.3	88.0	78.0	81.0	328.3
4	顾光阳	八3班	82	96	69	94	341		八2班	80.5	79.5	88.0	75.5	323.5
5	李阳	八2班	65	65	81	60	271		八3班	85.0	82.5	69.5	75.5	312.5
6	杨超	八3班	88	69	70	57	284		八4班	86.5	83.0	94.0	86.5	350.0
7	曹波	八4班	78	70	97	95	340							
8	杨云	八1班	69	99	82	88	338							
9	周艳	八1班	80	87	67	85	319							
10	罗万红	八2班	96	94	95	91	376							
11														

图 4-52　求各班各学科的平均成绩

第1参数使用绝对引用，公式向下、向右填充时，都会使用成绩表中的班级信息作为求值条件

求值区域使用混合引用，公式向右填充时，能够引用到不同学科的成绩来求平均值

=AVERAGEIF($B$2:$B$10,$I3,C$2:C$10)

第2参数使用混合引用，公式向右填充时，作为求值条件的班级名称不会改变，但向下填充时会发生改变

同SUMIF函数一样，在使用AVERAGEIF函数时，你可以在第2参数中使用通配符"*"和"?"，其设置和使用方法均与SUMIF函数相同。

4.4.4 使用AVERAGEIFS函数进行多条件求平均值

AVERAGEIFS函数用来解决按多条件求平均值的问题，其计算规则和使用方法，与SUMIFS函数完全相同。

=AVERAGEIFS(求值区域, 条件1区域, 条件1, 条件2区域, 条件2, 条件3区域, 条件3……)

如图 4-53所示，就是一个按双条件求平均值的问题。

图 4-53 求指定学校和班级各科的平均成绩

根据学校和班级求各科成绩的平均分，方法如图 4-54所示。

第1参数是要求平均值的区域，从第2参数起，每两个参数为一对，指定一个求平均值的条件

=AVERAGEIFS(D2:D10,$A$2:$A$10,$J$3,$C$2:$C$10,$K$3)

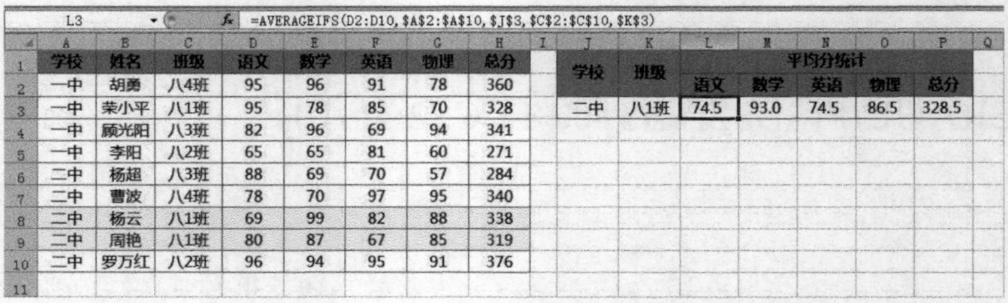

图 4-54 求指定学校和班级各科的平均成绩

第5节　统计符合条件的单元格个数

4.5.1　你在用什么方法统计单元格个数

统计某类数据的个数，这是在使用Excel的过程中，最常见的问题之一，如图 4-55所示。

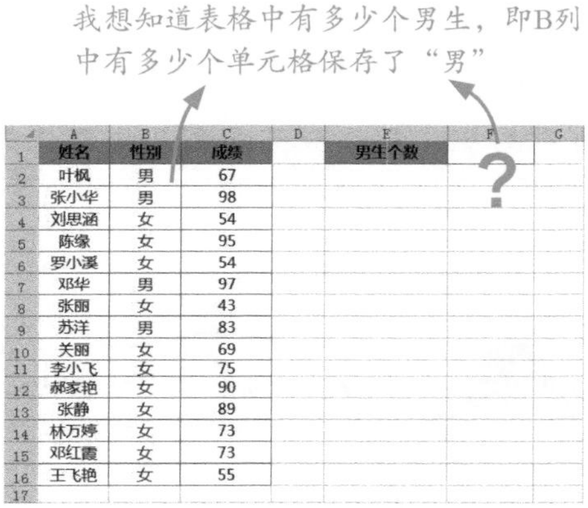

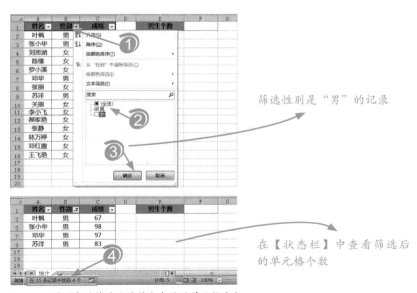

图 4-55　统计男生个数

统计保存"男"的单元格个数，这个问题听上去并不难，但有时我们的解决方法却非常机械，如图 4-56所示。

图 4-56　借助自动筛选统计符合条件的单元格个数

别装了，你一定也这样干过。

自动筛选很好用，但它的确不是一个帮助你统计数据的好帮手。试想想，如果你面对成百上千个统计条件，如统计男生个数、女生个数、少数民族个数……使用自动筛选完成，你能想象那是一个多么辛苦的过程吗？

自动筛选？你是想让我患上严重的鼠标手吗？别开这样的玩笑，求你了……

当你觉得解决某个问题的方法过于麻烦时，你应该想到，一定还有更简单的解决办法，这是学好Excel应该树立的一种思想。

统计满足某个条件的单元格个数，最常用的就是COUNTIF函数，如图 4-57所示。

=COUNTIF(B2:B16,"男")

	A	B	C	D	E	F	G	H
1	姓名	性别	成绩		男生个数	4		
2	叶枫	男	67					
3	张小华	男	98					
4	刘思涵	女	54					
5	陈缘	女	95					
6	罗小溪	女	54					
7	邓华	男	97					
8	张丽	女	43					
9	苏洋	男	83					
10	关丽	女	69					
11	李小飞	女	75					
12	郝家艳	女	90					
13	张静	女	89					
14	林万婷	女	73					
15	邓红薇	女	73					
16	王飞艳	女	55					
17								

你能猜到COUNTIF函数的两个参数的用途吗？如果要统计女生个数，应该怎样设置公式？自己动手试试

图 4-57 使用COUNTIF函数统计男生个数

COUNTIF函数是Excel中最常用的函数之一，专门用来解决条件计数的问题。

姓张的姓名有多少个？有多少个单元格的数据大于100？工作表中有多少个张三？大于A1中数据的单元格有多少个……要解决这些问题，都可以使用COUNTIF函数。

不同的统计问题，只需替函数设置不同的参数。统计的问题越多，公式占的优势就越明显，我想，没有谁会觉得写图 4-57中的公式比使用自动筛选麻烦吧？

4.5.2　COUNTIF函数的参数介绍

COUNTIF函数有两个参数，从前面的例子中，你应该大概猜到这两个参数的作用了吧？

第1参数告诉COUNTIF函数，需要统计的区域是B2:B16

=COUNTIF(B2:B16,"男")

第2参数是"男"，说明统计的数据是"男"的单元格个数

COUNTIF函数的两个参数分别告诉Excel：应该统计哪里的数据，统计哪些数据。

第2参数告诉函数，应该统计哪些单元格的个数。参数可以是数字、表达式、单元格引用或文本字符串，也可以在参数中使用比较运算符和通配符

=COUNTIF(❶ 单元格区域, ❷ 计数条件)

因为COUNTIF函数是统计单元格个数的函数，所以第1参数只能是单元格区域

4.5.3　求等于某个数值的单元格个数

如果你正在分析学生成绩，想统计及格（达到60分）的人数，可以使用如图 4-58所示的公式。

=COUNTIF(B2:B10,">=60")

统计B2:B10中大于
或等于60的单元格
个数

图 4-58　统计及格人数

学过SUMIF函数和AVERAGEIF
函数后，你一定知道第2参数
"">=60"是什么意思吧？

4.5.4　使用比较运算符设置统计条件

"">=60"是一个用比较运算符设置的统计条件，使用比较运算符，可以方便地统计保存某个区间数据的单元格个数。以图 4-59所示的数据为例，可以用如表 4-1所示的公式完成不同目的的统计。

	A	B	C
1	姓名	语文成绩	
2	胡勇	55	
3	荣小平	95	
4	顾光阳	32	
5	李阳	65	
6	杨超	58	
7	曹波	78	
8	杨云	49	
9	周艳	70	
10	罗万红	58	
11			

图 4-59　成绩表

表 4-1 使用比较运算符的公式举例

公式	公式说明	公式结果
=COUNTIF(B2:B10,65)	统计语文成绩为65的单元格个数	1
=COUNTIF(B2:B10,"=65")		1
=COUNTIF(B2:B10,"<65")	统计语文成绩小于65的单元格个数	5
=COUNTIF(B2:B10,"<=65")	统计语文成绩小于或等于65的单元格个数	6
=COUNTIF(B2:B10,">65")	统计语文成绩大于65的单元格个数	3
=COUNTIF(B2:B10,">=65")	统计语文成绩大于或等于65的单元格个数	4
=COUNTIF(B2:B10,"<>65")	统计语文成绩不等于65的单元格个数	8
=COUNTIF(B2:B10,"<>"&65)		8

将&返回的结果设置函数的第2参数

似曾相识的感觉，难道COUNTIF函数第2参数的设置方法和SUMIF函数第2参数的设置方法是相同的？

是的，作为统计条件的第2参数，设置方法与SUMIF函数第2参数的设置方法完全相同。参数可以是字符串、公式、数值或单元格引用等，也可以在参数中使用通配符，按模糊条件进行统计。

你完全可以参照SUMIF函数的用法来使用COUNTIF函数。

4.5.5 借助通配符按模糊条件计数

● 统计两个字符的单元格个数

统计A2:A10单元格区域中只包含两个字符的单元格的个数，方法如图4-60所示。

$$=COUNTIF(A2:A10,"??")$$

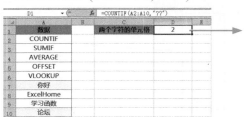

一个?代表一个任意的字符，设置参数为"??"，COUNTIF函数将统计两个字符的单元格个数

图 4-60 统计两个字符的单元格个数

● **统计第2个字符是U的单元格个数**

统计A2:A10单元格区域中第2个字符是U的单元格的个数，方法如图4-61所示。

$$=COUNTIF(A2:A10,"?U*")$$

一个?代表一个任意的字符，一个*代表任意个数的任意字符，参数设置为"?U*"，COUNTIF函数将统计第2个字符是U的所有单元格个数

图 4-61　统计第2个字符是U的单元格个数

● **其他的应用举例**

如果想统计包含字母"B"的单元格个数，可以用公式：

$$=COUNTIF(A1:A10,"*B*")$$

如果想统计包含B1中内容的单元格个数，可将公式设置为：

$$=COUNTIF(A1:A10,"*"\&B1\&"*")$$

4.5.6　求区域中包含的单元格个数

统计指定区域中包含的单元格个数，方法如图 4-62所示。

$$=COUNTIF(A2:A10, "<>""")$$

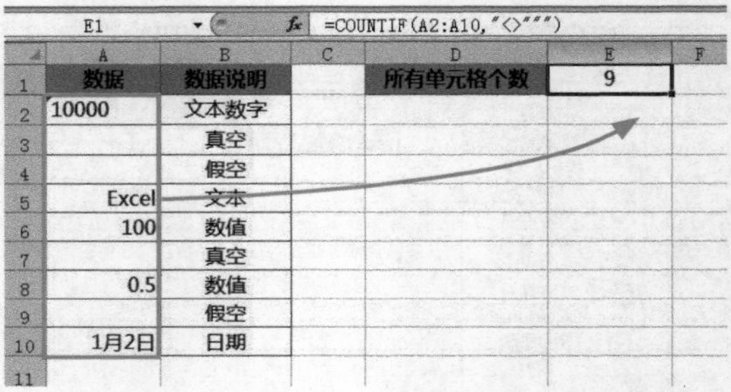

图 4-62　求A2:A10包含的单元格个数

4.5.7　统计空单元格的个数

真空单元格与假空单元格

在Excel中，连续的两个半角双引号""表示长度为0、不包含任何字符的文本。如果在单元格里输入公式="",那这个单元格将不保存任何字符，在你的眼中，它和空单元格没什么区别。

但严格地说，这并不是一个真正的空单元格，因为它只是具有空单元格的外表。像这种保存了0个字符的文本的单元格，我们称其为假空单元格。

假空单元格可能是输入了公式=""产生，也可能是因为其他原因而产生了""值，比如数据导入、其他公式的计算结果。总之，它是保存了0个字符的单元格，或者说值为null的单元格。

与假空单元格所对应的，是真空单元格。真空单元格是未保存任何数据的单元格。

统计真空单元格的个数

将COUNTIF函数的第2参数设置为"=",就可以统计区域中真空单元格的个数，如图4-63所示。

$$=COUNTIF(A2:A10,"=")$$

	A	B	C	D	E	F
	数据	数据说明		真空单元格个数	2	
2	10000	文本数字				
3		真空				
4		假空				
5	Excel	文本				
6	100	数值				
7		真空				
8	0.5	数值				
9		假空				
10	1月2日	日期				
11						

图 4-63　统计真空单元格的个数

统计所有空单元格个数

设置第2参数为"",可统计所有空单元格个数（包括真空单元格和假空单元格），如图 4-64所示。

$$=COUNTIF(A2:A10,"")$$

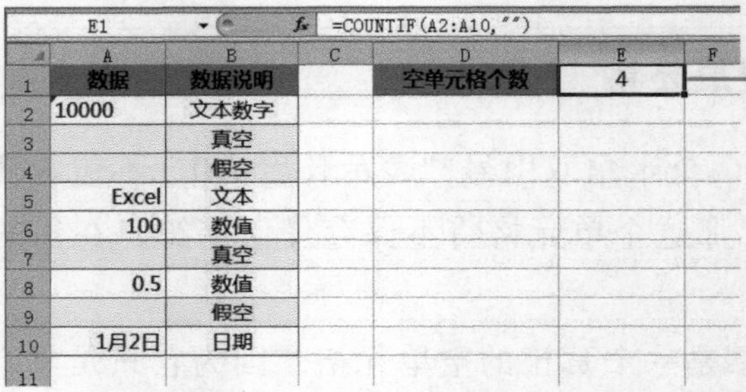

真空单元格和假空单元格各有2个，共4个

图 4-64　统计空单元格个数

求所有非真空单元格个数

设置COUNTIF函数的第2参数为"<>"，可以求保存有数据的单元格个数（包括假空单元格），如图 4-65所示。

$$=COUNTIF(A2:A10,"<>")$$

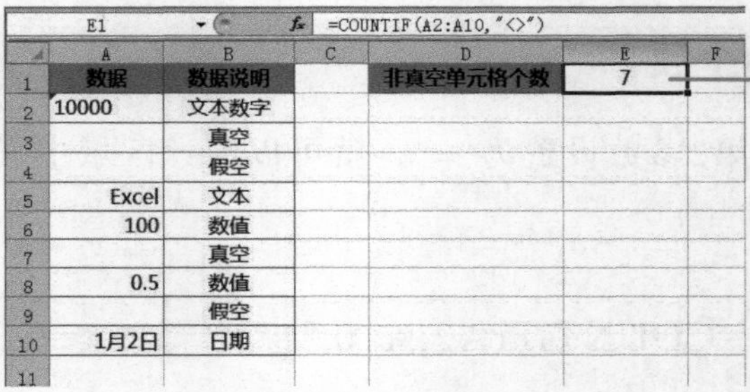

9个单元格，除去2个真空单元格，还有7个单元格。所以公式返回7

图 4-65　求非真空单元格个数

4.5.8　求文本单元格的个数

设置COUNTIF函数的第2参数为"*"，可以求所有文本单元格的个数，如图 4-66所示。

$$=COUNTIF(A2:A10,"*")$$

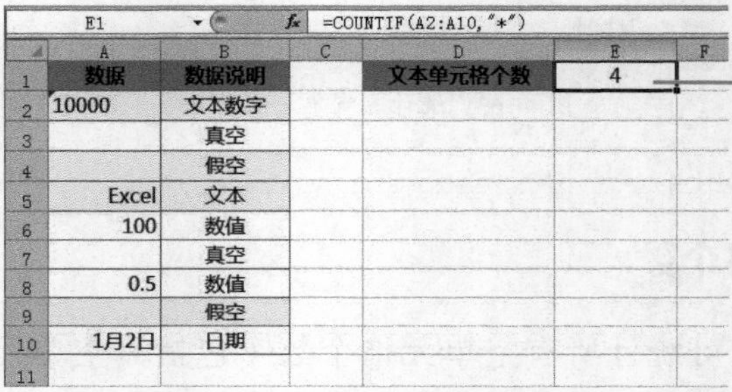

假空单元格保存的是0个字符组成的文本，所以被COUNTIF函数识别为文本单元格

图 4-66　求文本单元格的个数

4.5.9　COUNTIF函数的其他家庭成员

　　COUNTIF函数还有3个家庭成员：COUNTBLANK函数、COUNTA函数和COUNT函数。使用它们可以更方便地完成对某些特殊单元格的统计。

● 使用COUNTBLANK函数统计所有空单元格个数

　　COUNTBLANK函数由Count和Blank两部分组成，从字面意思看，即可大概了解它的用途：统计区域中所有空单元格（真空和假空）的个数，如图4-67所示。

=COUNTBLANK(A2:A10)

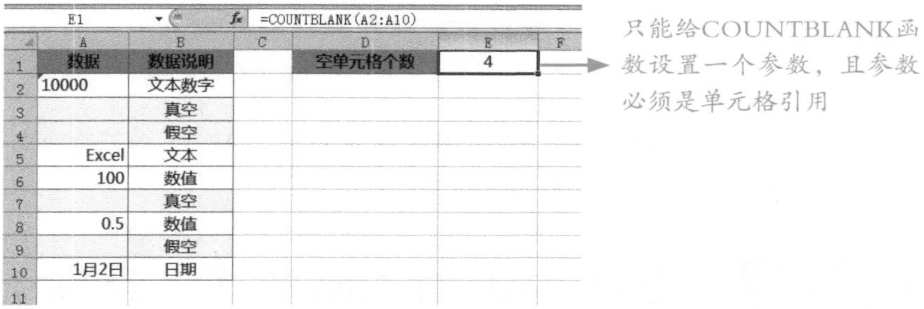

只能给COUNTBLANK函数设置一个参数，且参数必须是单元格引用

图4-67　统计所有空单元格个数

● 使用COUNTA函数统计非真空单元格个数

　　如果要统计区域中的非真空单元格个数，使用COUNTA函数会更简单，如图4-68所示。

=COUNTA(A2:A10)

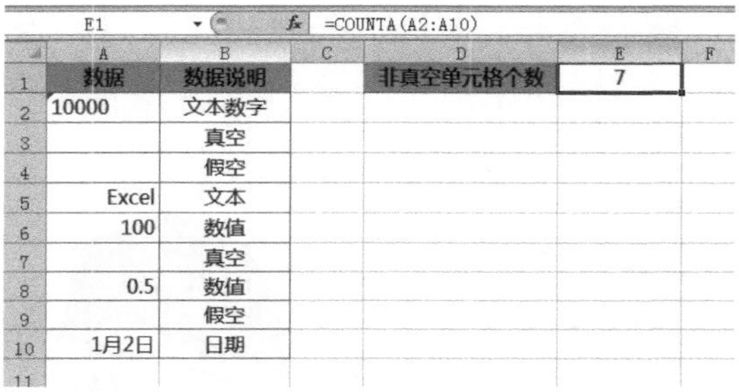

图4-68　统计非真空单元格个数

　　你可以给COUNTA函数设置1至255个参数，且参数可以是单元格引用、数据常量或公式的计算结果等，这一点与COUNTIF函数和COUNTBLANK函数都不相同。

使用COUNT函数统计数值单元格个数

尽管可以使用COUNTIF函数统计保存数值的单元格个数，但如果使用COUNT函数会更方便，并且COUNT函数能忽略参数中的错误值，如图 4-69所示。

=COUNT(A2:A11)

	数据	数据说明		数值单元格个数	3	
1	数据	数据说明		数值单元格个数	3	
2	10000	文本数字				
3		真空				
4		假空				
5	Excel	文本				
6	100	数值				
7		真空				
8	0.5	数值				
9		假空				
10	1月2日	日期				
11	#DIV/0!	错误值				

日期也是数值，这个你不会忘记吧？

图 4-69　统计数值单元格个数

同COUNTA函数一样，在使用时，可以给COUNT函数设置1到255个参数，且参数可以是单元格区域、数据常量或公式等。

第6节　使用COUNTIFS函数按多条件统计单元格个数

4.6.1　可能会遇到的多条件计数问题

多条件计数，就是在统计数据时需要考虑多个条件，如图 4-70所示。

	姓名	语文	数学		双科及格人数	
1	姓名	语文	数学		双科及格人数	
2	胡勇	55	66			
3	荣小平	95	80			
4	顾光阳	32	60			
5	李阳	65	58			
6	杨超	58	60			
7	曹波	78	55			
8	杨云	49	59			
9	周艳	70	68			
10	罗万红	58	72			

条件1：语文达到60分。
条件2：数学达到60分。

只有当两个条件都为TRUE时，才被视为双科及格

图 4-70　统计双科及格人数

不同学科的成绩保存在不同的列中，统计数据的条件有两个，可是COUNTIF函数最多只能设置两个参数，应该怎样写公式解决这个问题呢？

对于只能设置两个参数的COUNTIF函数，面对简单的多条件计数问题却显得无能为力，你只能考虑使用其他解决方法。

4.6.2　按多条件统计的专用函数

自Excel 2007版本之后，Excel新增了COUNTIFS函数，专门用来解决多条件计数的问题。如统计双科及格人数，可以用如图 4-71所示的方法。

$$=COUNTIFS(B2:B10,">=60",C2:C10,">=60")$$

姓名	语文	数学		双科及格人数	
胡勇	55	66			2
荣小平	95	80			
顾光阳	32	60			
李阳	65	58			
杨超	58	60			
曹波	78	55			
杨云	49	59			
周艳	70	68			
罗万红	58	72			

语文成绩和数学成绩均达到60分，才被视为双科及格

图 4-71　使用公式统计双科及格人数

有了SUMIFS函数的基础，你一定对这个公式很熟悉了吧？

COUNTIFS函数参数的设置方法与SUMIFS函数基本相同，你可以参照SUMIS函数的用法来使用它。

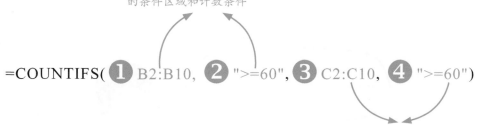

第1、2参数分别是第1个统计条件的条件区域和计数条件

=COUNTIFS(❶ B2:B10, ❷ ">=60", ❸ C2:C10, ❹ ">=60")

第3、4参数分别是第2个统计条件的条件区域和计数条件

最多可以给COUNTIFS函数设置254个参数，即127个区域/条件对：
=COUNTIFS(区域1,条件1,区域2,条件2,区域3,条件3……区域127,条件127)

第7节 使用函数对数值行取舍

4.7.1 什么是数值取舍

数值取舍，就是舍掉数值中的一部分。如将2.322221保留1位小数，写为2.3。

对，我们从小就接触的四舍五入，就是对数值进行取舍的一种运算。

4.7.2 笨拙的数值取舍方式

说到数值的取舍，我想到一位同事。

这位同事负责核算单位各项工资、奖金，在他的某张表上，保存着一些带多位小数的数值，如图 4-72所示。

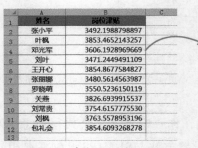

这些数据由其他公式计算得到，数据有很多位小数

图 4-72 有多位小数的数据

出于某种需要，他要将这些数值统一保留两位小数，第3位及之后的小数全部舍去，且无论第3位小数是几，都不用向前1位进1。

不要告诉我用设置单元格格式的方法，设置单元格格式只能改变它的显示样式，不能舍掉第3位及之后的小数。

于是，我看到他按如图4-73所示的方法解决这个问题。

图4-73　手动删除多余的小数

是的，你没有看错，他就是手动逐个删除这些多余的小数。

不要怀疑这个故事的真实性，它的的确确发生在我的身边。也正是这个故事，让我坚定了要认真向大家介绍Excel中取舍函数的想法。

4.7.3　Excel中的取舍函数

在Excel中，能对数值进行取舍的函数随手一抓就是一大把，如ROUND、ROUNDDOWN、ROUNDUP、INT、TRUNC、CELLING、EVEN、FLOOR、ODD等。

这些不同的函数，在用法上并不完全相同，正确理解它们之间的差异和各自优缺点，将更有利于使用好它们。

> 不知道某个函数的用途？别忘记【Excel帮助】中对函数的介绍，这可是一本学习Excel的百科全书。

4.7.4　使用ROUND函数对数值四舍五入

ROUND函数是取舍函数中使用率最高的函数之一，使用它可以很方便地按指定的小数位数，对数值进行四舍五入。

ROUND函数有两个参数，分别用来指定要进行取舍的数值和要保留的小数位数。

第2参数可以是正整数、负整数或0

=ROUND(❶ 要取舍的数值, ❷ 要保留的小数位数)

效果如图 4-74所示。

第2参数设为正整数 | 第2参数设为0 | 第2参数设为负整数

	A	B	C	D
1	数据	保留两位小数		
2	1023.5265	1023.53		
3	5014.1123	5014.11		
4	-6321.913	-6321.91		
5	1000.1	1000.1		
6				

=ROUND(A2, 2)

	A	B	C	D
1	数据	保留整数		
2	1023.5265	1024		
3	5014.1123	5014		
4	-6321.913	-6322		
5	1000.1	1000		
6				

=ROUND(A2, 0)

	A	B	C	D
1	数据	个位舍入到十位		
2	1023.5265	1020		
3	5014.1123	5010		
4	-6321.913	-6320		
5	1000.1	1000		
6				

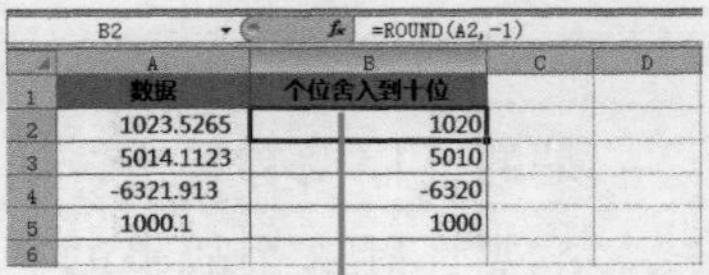

=ROUND(A2,-1)

第2参数设为2，所有数值均按四舍五入保留两位小数 | 第2参数设为0，所有数值均按四舍五入保留0位小数，即保留为整数 | 第2参数设为-1，则将小数点左边第1位数四舍五入到第2位，让个位显示为0

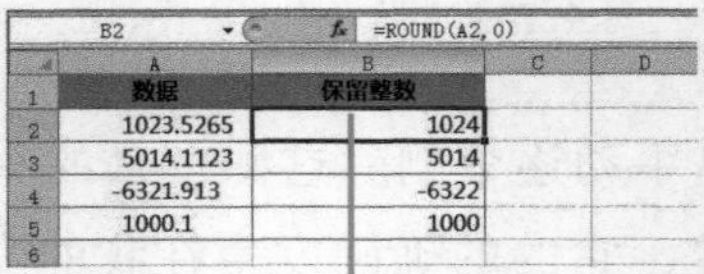

图 4-74　使用ROUND函数对数值四舍五入

注意

使用文本函数FIXED也可对数值进行四舍五入，使用方法与ROUND函数完全相同，区别是FIXED函数返回文本类型的数据，而ROUND函数返回数值类型的数据。

4.7.5　使用ROUNDUP与ROUNDDOWN对数值强制取舍

ROUNDUP和ROUNDDOWN函数的使用方法与ROUND函数相同，函数有两个参数，分别用来指定要取舍的数值和保留的小数位数。

● 使用ROUNDUP对数值进行向上取舍

在对数值进行取舍时，有时我们需要直接向上取舍，即无论要舍去的数是几，都要向前一位进1，这种问题可以使用ROUNDUP函数完成，如图 4-75所示。

=ROUNDUP(A2,2)

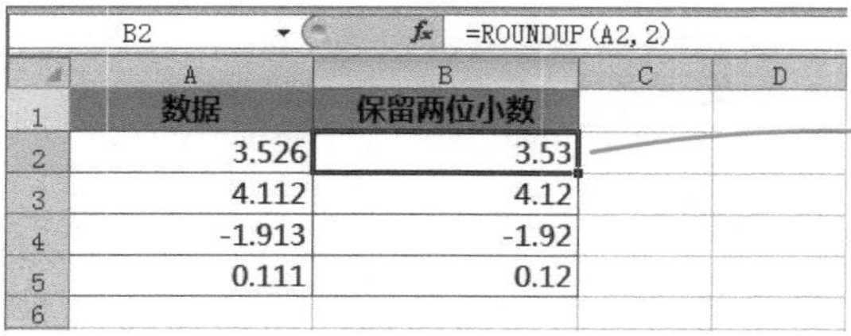

B2 =ROUNDUP(A2,2)

	A	B	C	D
1	数据	保留两位小数		
2	3.526	3.53		
3	4.112	4.12		
4	-1.913	-1.92		
5	0.111	0.12		
6				

无论小数点后的第3位是几，均向前一位进1

图 4-75　对数值进行向上取舍

使用ROUNDDOWN对数值向下取舍

不管要舍去的数是几，如果想将它们直接舍去而无需向前一位进1，可以使用ROUNDDOWN函数，如图 4-76所示。

=ROUNDDOWN(A2,2)

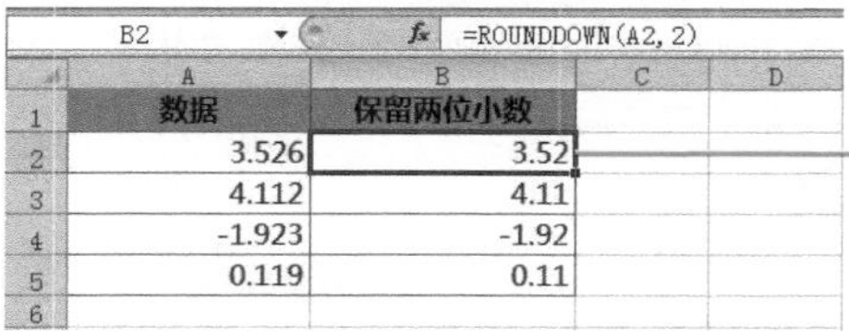

B2 =ROUNDDOWN(A2,2)

	A	B	C	D
1	数据	保留两位小数		
2	3.526	3.52		
3	4.112	4.11		
4	-1.923	-1.92		
5	0.119	0.11		
6				

无论小数点后的第3位是几，均直接舍去

图 4-76　对数值进行向下取舍

4.7.6　使用INT或TRUNC保留整数

使用TRUNC函数保留整数部分

使用TRUNC函数可以舍去数值的小数部分，只保留整数部分，而不管这个数的小数部分是什么，如图 4-77所示。

=TRUNC(A2)

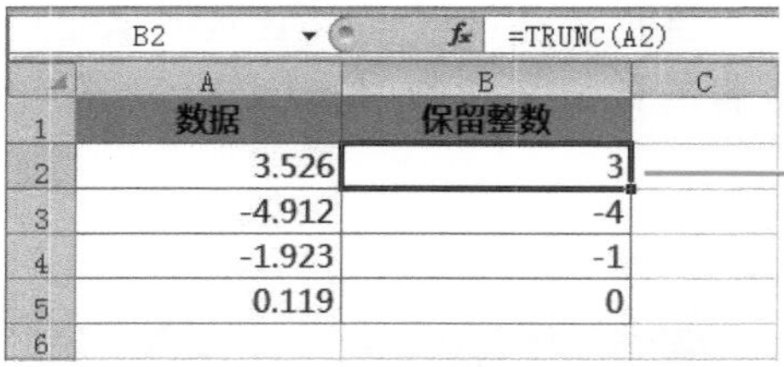

B2 =TRUNC(A2)

	A	B	C
1	数据	保留整数	
2	3.526	3	
3	-4.912	-4	
4	-1.923	-1	
5	0.119	0	
6			

无论数值是正数还是负数，也不管第1位小数是几，函数均直接舍去，只保留整数部分

图 4-77　保留整数部分

你也可以通过第2参数指定要保留的小数位数，让TRUNC代替ROUNDDOWN函数对数值进行取舍，如图 4-78所示。

=TRUNC(A2,2)

C2 =TRUNC(A2, 2)

	A	B	C	D
1	数据	保留整数	保留两位小数	
2	3.526	3	3.52	
3	-4.912	-4	-4.91	
4	-1.923	-1	-1.92	
5	0.119	0	0.11	
6				

图 4-78 保留两位小数

使用INT函数保留数值的整数部分

保留数值的整数部分，还可以使用INT函数，如图 4-79所示。

=INT(A2)

B2 =INT(A2)

	A	B	C
1	数据	保留整数	
2	3.526	3	
3	-4.912	-5	
4	-1.923	-2	
5	0.119	0	
6			

图 4-79 保留数值的整数部分

但INT不像TRUNC函数那样直接舍掉数值的小数部分，而是保留小于或等于参数中数值的最大整数，如：

INT(3.2)=3

INT(-3.1)=-4

INT与TRUNC的异同

同样可以保留数值的整数部分，但TRUNC在进行取舍时，不考虑数值的正负而直接舍掉小数部分，只保留整数。当需要进行取舍的数值都是非负数时，INT函数返回的结果与TRUNC相同，但当需要取舍的数值是负数时，INT会对其向下取舍，返回小于或等于该数值的最大整数。

详情如图 4-80所示。

	A	B	C	D
1	数据	使用INT保留整数	使用TRUNC保留整数	
2	3.526	3	3	
3	4.112	4	4	
4	-1.913	-2	-1	
5	0.111	0	0	
6				

图 4-80 INT与TRUNC的异同

第  章　用函数处理文本

Excel能处理的不仅仅是数值。

文本又称为字符串，是保存在单元格中的文字信息，如姓名、家庭住址、你暗恋的女孩的名字，包括你现在正在阅读的这行文字，都是字符串。

字符串不能直接参与算术运算，但并不意味着Excel对它束手无策。

借助文本函数，我们能对字符串进行各种处理，比如转换英文大小写、查找替换字符、拆分与合并文本等。

想知道具体的处理过程？让我们一起来看看吧。

第1节 将多个字符串合并成一个

5.1.1 什么是合并字符串

合并字符串，就像你玩的拼图游戏，将多张照片拼成一张，如图 5-1所示。

图 5-1 将两张图片拼接为一张

由两张图片拼接得到的新图片，大家再也不会将它当成两张图片看待

当你明白什么是拼接照片后，再来理解合并字符串就简单了，如图 5-2所示。

图 5-2 合并字符串

合并字符串就是将多个字符串合并成一个字符串

你是不是发现工作中会遇到很多合并字符串的问题？那就跟着我们一起来学习怎样合并它们吧。

5.1.2 用CONCATENATE 函数合并字符串

如果你的字符串保存在不同的单元格中，当你想将它们合并成一个字符串时，可以使用CONCATENATE函数，方法如图 5-3所示。

=CONCATENATE (A2,B2,C2)

图 5-3 使用函数合并多个单元格中的字符串

合并时，函数会按括号中参数的顺序依次进行合并，第1个参数是返回字符串最左端的部分，最后一个参数是返回字符串最右端的部分，如图 5-4所示。

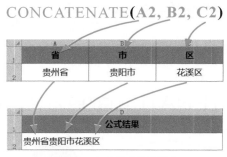

图 5-4 合并前后的字符串

你最多可以给CONCATENATE函数设置255个参数，参数可以是文本、数值、单元格引用或公式等，如图 5-5所示。

=CONCATENATE(A2,B2,C2,"第",2+1,"中学")

图 5-5 替函数设置多个不同类型的参数

但有一点需要注意，如果要合并某个连续的单元格区域（如A2:C2）中的所有数据为一个字符串，应分别将该区域中的每个单元格设置为函数的参数：

=CONCATENATE(A2,B2,C2)

不能将整个单元格区域设置为函数的参数：

=CONCATENATE(A2:C2)

如图 5-6所示。

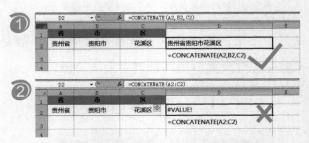

图 5-6　合并连续单元格区域中的文本

5.1.3　比CONCATENATE函数更方便的&运算符

> 使用CONCATENATE函数合并文本虽然方便，但不懂英文的我，表示对这么长的函数名称充满恐惧。

尽管我们一再强调英文的好坏并不会对学习Excel函数带来多大影响，但依然会有人觉得这是一个很大的障碍。

如果你觉得CONCATENATE函数不易记忆，可以使用文本运算符&来合并文本。事实上，使用&的人比使用CONCATENATE函数的人多，因为它更方便记忆和使用。

如果你想将A2:C2的内容合并成一个字符串，只要将各个单元格用&连接即可，如图5-7所示。

=A2**&**B2**&**C2

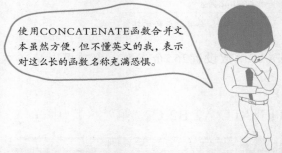

图 5-7　使用&合并单元格中的字符串

同CONCATENATE函数一样，使用&可以连接文本、数值、单元格引用或公式的计算结果等，如：

="今天的日期是:"&TEXT(TODAY(),"yyyy-mm-dd")

在计算时，Excel会先对公式TEXT(TODAY(),"yyyy-mm-dd")进行计算，得到今天的日期，然后再将它与"今天的日期是:""连接成一个字符串，效果如图5-8所示。

图 5-8　使用&合并文本

TEXT函数和TODAY函数我们会在后面的章节中详细讲解，这里就不展开了。

是不是感觉&比CONCATENATE函数更容易记忆，更方便输入，使用更简单呢？这也是多数人选择&而放弃CONCATENATE函数的原因。

5.1.4　特殊的 PHONETIC 函数

PHONETIC函数是为日文版Excel设计的函数，用于提取字符串的拼音。但在中文版中却可以使用它来连接单元格中文本类型的数据，这可以说是一个旁门左道的用法，如图5-9所示。

=PHONETIC(A1:C3)

单元格格式为"常规"，5是数值

公式将各个单元格中文本类型的数据连接成一个新字符串

单元格格式为"文本"，2008是文本类型的数字，是一个字符串

图 5-9　使用PHONETIC函数合并文本

与CONCATENATE函数和&运算符相比，PHONETIC函数拥有自己的优势：它可以将连续的单元格区域设置为参数；但同时也有自己的缺点：PHONETIC函数只能有一个参数，且必须为单元格引用。在计算时，PHONETIC函数的眼里只有文本类型的数据，而会对单元格中的公式、逻辑值、数值（含日期和时间）和错误值视而不见，如图5-10所示。

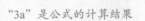

"3a"是公式的计算结果

在连接单元格区域中的字符串时，函数按从左到右、从上到下的顺序连接

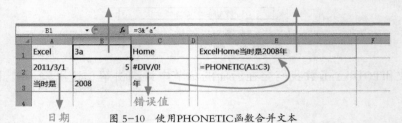

日期　　　图5-10　使用PHONETIC函数合并文本

尽管在某些情境中，使用PHONETIC函数合并文本非常方便，但它毕竟不是专门用于合并文本的函数，适用的范围很小，所以建议你谨慎使用它。

第2节　用函数计算文本的长度

5.2.1　什么是文本的长度

文本的长度，并不像一根木棒的长度那样，看它有多少厘米或多少分米。

想知道"我是叶枫"的长度是多少，并不是用这样的方法去测量。当然，它的长度也不是3cm。

文本长度，是指这个文本由多少个**字符**或**字节**组成。如"我是叶枫"是由"我"、"是"、"叶"、"枫"4个字符组成，如果按字符数计算的话，它的长度就是4。

5.2.2　字符与字节的区别

如果你以前学习过《计算机基础》、《电脑入门》之类的课程，应该对字符和字节这两个概念还留有印象。

字符是对计算机中使用的字母、数字、字和其他符号的统称，我们天天使用的汉字、字母、数字、标点符号等都是字符，一个汉字、字母、数字或标点符号就是一个字符。

而字节是计算机存储数据的单位，在Excel中文版中，一个半角的英文字母（不分大小写）、数字或英文标点符号占一个字节的空间，一个中文汉字、全角英文字母或数字、中文标点占两个字节的空间。

我们在本节中提到的文本长度，就是看这个文本由多少个字符组成，或占多少字节的存储空间。

所以"我是叶枫"这个文本如果按字符统计的话，它的长度是4，如果按字节统计的话，它的长度是8，如图 5-11所示。

图 5-11　字符串的长度

5.2.3　使用LEN计算文本包含的字符数

如果想知道某个字符串由多少个字符组成，就将它设置为LEN函数的参数，函数会告诉你它计算的结果，如图 5-12所示。

参数设置为A2，函数计算A2
"今天的天气很好"包含的字符个数，结果返回7

=LEN(**A2**)

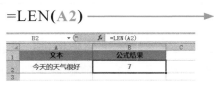

图 5-12　使用LEN统计文本包含的字符个数

LEN只能有一个参数，这个参数可以是单元格引用、名称、常量和公式等，使用LEN函数的部分例子如表 5-1所示。

表 5-1　LEN函数的公式举例

公　式	公式结果	公式说明
=LEN(23)	2	数值23由2和3两个数字组成，所以公式结果是2
=LEN("89")	2	写在引号间的数字89是文本，由两个数字组成，所以公式结果是2
=LEN("abDE")	4	"abDE"由4个字母组成，公式结果是4
=LEN("")	0	两个双引号间什么也没有，说明参数是一个不含任何字符的文本，所以公式结果为0
=LEN(" ")	1	引号间有一个空格，所以公式结果为1
=LEN("笔记本电脑")	5	参数是5个汉字组成的字符串，所以公式结果是5

5.2.4　使用LENB函数计算文本包含的字节数

LENB函数与LEN函数的用法完全相同，区别在于LENB函数在计算时按字节进行统计，如表 5-2所示为LENB函数的应用举例。

表 5-2　LENB函数的公式举例

公式	公式结果	公式说明
=LENB("收入23")	6	2个汉字有4字节，2个数字有2字节，共6字节
=LENB(89)	2	2个数字有2字节
=LENB("abDE")	4	4个字母有4字节
=LENB("Ａ Ｂ")	4	2个全角字母有4字节
=LENB("笔记本电脑")	10	5个汉字共有10字节

LEN函数和LENB函数虽然没有对参数中的数据进行直接处理，而只是做出了一种价值评估，但这个评估结果相当重要，可以在其他更复杂的处理过程中贡献力量。

第3节　检查文本是否相同

5.3.1　最常用的比较运算符"="

如果想比较两个字符串是否相同，最常用、最直接的方法就是使用比较运算符"="，表 5-3列举了部分使用"="比较数据的公式。

表 5-3　使用"="比较数据是否相等

公式	公式结果	公式说明
="我"="你"	FALSE	"="两边的字符串不相同，公式返回FALSE
="我们"="你们"	FALSE	"="两边的字符串不相同，公式返回FALSE
=32=25	FALSE	数值35与数值25不相等，公式返回FALSE
="25"=25	FALSE	字符串"25"与数值25类型不同，公式返回FALSE
="ABC"="ABC"	TRUE	"="两边的字母相同，公式返回TRUE
="abc"="abc"	TRUE	"="两边的字母相同，公式返回TRUE
="ABC"="abc"	TRUE	在"="的眼里，"A"和"a"是相同的

正如你在上面看到的，使用"="不但可以比较两个文本是否相同，还可以用来比较数值、逻辑值等数据是否相等。

5.3.2　使用EXACT函数区分大小写比较

A=a???

在"="的眼里，英文字母没有大小写之分，但我可不认为"A"和"a"是相同的字母，怎样才能让Excel区分大小写呢？

如果你想让Excel将"A"和"a"看成不同的两个字母，可以使用EXACT函数。EXACT函数有两个参数，用来指定要比较的文本，如表5-4所示。

表5-4　EXACT函数的公式举例

公式	公式结果	公式说明
=EXACT("我","你")	FALSE	参数中的两个字符串不相同，公式返回FALSE
=EXACT("你们","你们")	TRUE	参数中的两个字符串相同，公式返回TRUE
=EXACT(32,25)	FALSE	数值35与数值25不相等，返回FALSE
=EXACT(25,25)	TRUE	数值25与25相等，返回TRUE
=EXACT("25",25)	TRUE	EXACT忽略格式差异，公式返回TRUE
=EXACT("Excel","Excel")	TRUE	参数中的两个字符串相同，公式返回TRUE
=EXACT("EXCEL","Excel")	FALSE	虽然字母相同，但大小写不同，公式返回FALSE

第4节　查找指定字符在字符串中的位置

5.4.1　字符串就像被串起来的珠子

一个字符串，就像一串被线串起来的珠子，如图5-13所示。

图5-13　串起来的珠子与字符

在这串珠子中，一个字符就是一颗珠子。文本中包含的字符越多，这串珠子就会越长，如图5-14所示。

图5-14　串起来的珠子与字符

5.4.2　查找字符位置就像查找黑色珠子的位置

一串珠子中只有一颗是黑色的，如图 5-15所示。

图 5-15　珠串中的黑色珠子

黑色的珠子是第几颗？从左往右数一下就知道。查找指定字符的位置，就像在珠串中查找黑色珠子的位置一样。

在"我很开心"这个字符串中，"开"就是那颗黑色的珠子，如图 5-16所示。

图 5-16　字符串中的"开"

"开"是文本中的第几个字符？这个问题就是让我们查找"开"在"我很开心"中的位置。你一定知道它的答案了，对，从左往右数一下就知道，答案是3。

查找指定的字符在一个字符串中的位置，数一下就知道了，也许你也认为这是一个简单的任务。如果你是这样想的，那来看看如图 5-17所示的这个问题。

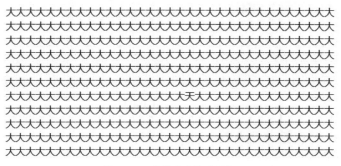

图 5-17　字符串中的"天"

虽然它很长，并且换行了，但它仍然只是一个字符串。你能快速确定"天"是这个字符串中的第几个字符吗

是的，并不是所有问题使用人工的方式都能轻松完成，正因为如此，人类才开发了Excel，并且在Excel中设计了专门用来查找字符位置的函数。

5.4.3　使用FIND函数查找指定字符的位置

无论你的文本由多少个字符组成，当你要查找指定的字符在其中的位置时，使用FIND函数就能解决，如图 5-18所示。

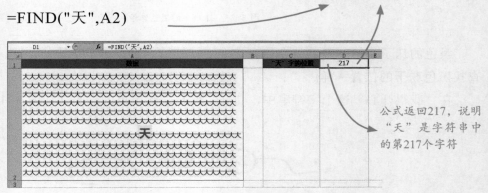

你觉得是输入这个公式，让其自动得出结果简单，还是人工查找，再确定位置简单？

=FIND("天",A2)

公式返回217，说明"天"是字符串中的第217个字符

图 5-18　使用FIND函数查找"天"的位置

在这个公式中，我们替FIND函数设置了两个参数，分别用于指定FIND函数要查找的字符和查找的地方。

第1个参数指定要查找的字符，参数是什么，就查找什么

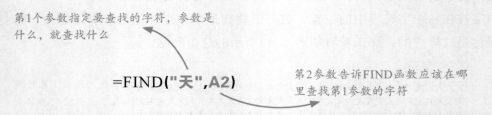

=FIND("天",A2)

第2参数告诉FIND函数应该在哪里查找第1参数的字符

作为查找对象的第1参数，可以是多个字符组成的字符串，如图 5-19所示。

公式查找"技术"在A2的字符串中的位置

在A2中，字符串"技术"前的"Excel Home"共有9个字符，"技术"的起始位置是第10个字符，所以公式返回10

=FIND("技术",A2)

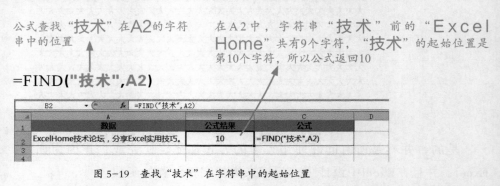

图 5-19　查找"技术"在字符串中的起始位置

如果第2参数中没有要查找的字符串，公式返回错误值"#VALUE!"，如图 5-20 所示。

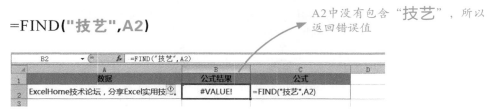

=FIND("技艺",A2)

A2中没有包含"技艺"，所以返回错误值

图 5-20 找不到查找字符时的公式结果

就像在一串白色的珠子里找黑色珠子，函数找不到要查找的字符，只能用错误值告诉你，这是一个不能完成的查找任务。

5.4.4 如果字符串中存在多个查找值

一串珠子中可能会有多颗黑色的珠子，如图5-21所示。

图 5-21 存在两颗黑色珠子的珠串

"黑色的珠子是第几颗？"

第3颗和第6颗都是黑色的珠子，我该回答3还是6呢？

提问的人没明确要找第几颗黑色珠子的位置，所以不知道怎么回答才好。使用FIND查找字符位置时，也会遇到类似的情况，如图 5-22所示。

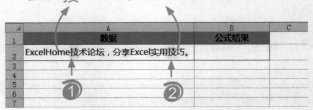

图 5-22　存在两个"技"的字符串

FIND会返回什么结果？试一下就知道了，如图 5-23所示。

=FIND("技",A2)

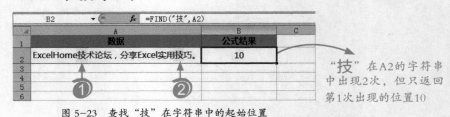

图 5-23　查找"技"在字符串中的起始位置

很明显，如果要查找的字符在第2参数的字符串中出现多次，FIND函数只返回它第1次出现的位置。

5.4.5　指定FIND函数查找的起始位置

如果我们只给它设置第1参数、第2参数，FIND函数会从字符串的第1个字符开始查找。如果你不想从第1个字符开始查找，可以通过第3参数指定查找的起始位置，如图5-24所示。

=FIND("技",A2,15)

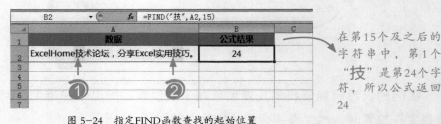

图 5-24　指定FIND函数查找的起始位置

设置了第3参数，就限定了FIND函数查找的范围。完整的FIND函数也应该拥有3个参数。

FIND (❶ 查找什么，　❷ 在哪里查找，　❸ 从第几个字符开始查找)

5.4.6　另一个查找函数SEARCH

查找字符串在另一个字符串中的位置，SEARCH是另一个常用的函数。SEARCH函数的用法与FIND函数基本相同，也有3个参数。

SEARCH(❶ 查找什么，　❷ 在哪里查找，　❸ 从第几个字符开始查找)

在多数情况下，我们可以使用SEARCH代替FIND完成查找任务，如图 5-25所示。

❶ =SEARCH("技",A2)

	B2	▾	fx	=SEARCH("技",A2)	
	A			B	C
1	数据			公式结果	
2	ExcelHome技术论坛，分享Excel实用技巧。			10	
3					

❷ =SEARCH("技",A2,12)

	B2	▾	fx	=SEARCH("技",A2,12)	
	A			B	C
1	数据			公式结果	
2	ExcelHome技术论坛，分享Excel实用技巧。			24	
3					

图 5-25　使用SEARCH函数代替FIND函数

5.4.7　FIND函数和SEARCH函数的区别

都有3个参数，都是查找字符串的位置，都可以省略第3参数……FIND函数和SEARCH函数难道没有区别吗？

FIND函数和SEARCH函数作为两个不同的函数，在执行查找任务时，它们能解决的问题并不完全相同。

只有FIND函数能区分大小写字母

在FIND函数的世界里，大写字母"A"和小字字母"a"被当成两个不同的字符。如果要查找的字符串包含英文字母，FIND函数可以区分大小写进行查找，如图5-26所示。

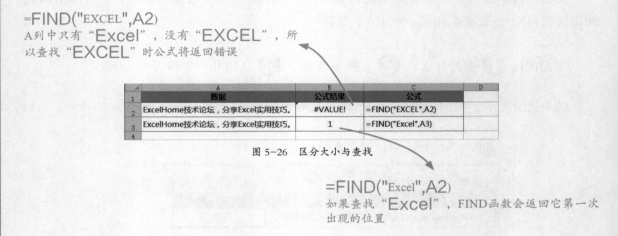

=FIND("EXCEL",A2)
A列中只有"Excel"，没有"EXCEL"，所以查找"EXCEL"时公式将返回错误

	A	B	C	D
1	数据	公式结果	公式	
2	ExcelHome技术论坛，分享Excel实用技巧。	#VALUE!	=FIND("EXCEL",A2)	
3	ExcelHome技术论坛，分享Excel实用技巧。	1	=FIND("Excel",A3)	
4				

图5-26 区分大小与查找

=FIND("Excel",A2)
如果查找"Excel"，FIND函数会返回它第一次出现的位置

"EXCEL"和"Excel"因为大小写字母的区别，被FIND函数看成两个不同的字符串。但在SEARCH函数的眼中，它们并没有区别，如图5-27所示。

无论是查找"EXCEL"还是"Excel"，SEARCH函数返回的结果都一样

	A	B	C	D
1	数据	公式结果	公式	
2	ExcelHome技术论坛，分享Excel实用技巧。	1	=SEARCH("EXCEL",A2)	
3	ExcelHome技术论坛，分享Excel实用技巧。	1	=SEARCH("Excel",A2)	
4				
5				

图5-27 不区分大小写查找

对SEARCH函数而言，"A"和"a"是同一个字符，没有任何区别。

只能在SEARCH函数中使用通配符

如果你不确定要查找的内容，可以在函数的第1参数中使用通配符，进行模糊查找。但FIND和SEARCH两个函数中，只有SEARCH函数可以使用通配符。

可以在SEARCH函数中使用的通配符有两种：问号 "？" 和星号 "＊"。其中，"？" 代表任意的单个字符，"＊" 代表任意多个的任意字符，如图 5-28、图 5-29所示。

"_＊_" 代表以 "_" 开头和结尾的任意字符串

=SEARCH("_*_",A2)

	A	B	C	D
1	数据	公式结果	公式	
2	钢笔_2B_100枝_刘大双采购_5月	3	=SEARCH("_*_",A2)	
3	颜料盘_大_35个_李江军采购_4月	4	=SEARCH("_*_",A3)	
4	宣纸_生_125张_邓洪琴采购_3月	3	=SEARCH("_*_",A4)	
5				

图 5-28　使用通配符进行模糊查找

以 "_" 开头和结尾的字符串有多个，公式只返回第1个的起始位置

"_?????_" 代表以 "_" 开头和结尾的任意5个字符

=SEARCH("_?????_",A2)

	A	B	C	D
1	数据	公式结果	公式	
2	钢笔_2B_100枝_刘大双采购_5月	11	=SEARCH("_?????_",A2)	
3	颜料盘_大_35个_李江军采购_4月	4	=SEARCH("_?????_",A3)	
4	宣纸_生_125张_邓洪琴采购_3月	10	=SEARCH("_?????_",A4)	
6				

图 5-29　使用通配符进行模糊查找

如果要使用SEARCH函数查找字符 "？" 或 "＊" 的位置，为了让Excel清楚知道公式中的 "？" 和 "＊" 是普通字符还是通配符，需要在作为普通字符的 "？" 或 "＊" 加上波形符 "~"，以作区别，如图 5-30所示。

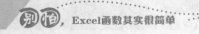

=SEARCH("*",A2)

第一参数是"*"，函数将"*"当成通配符，将在
A2中查找任意的字符串，所以公式返回1

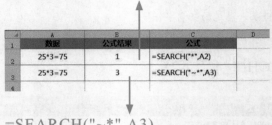

	A	B	C	D
1	数据	公式结果	公式	
2	25*3=75	1	=SEARCH("*",A2)	
3	25*3=75	3	=SEARCH("~*",A3)	
4				

=SEARCH("~*",A3)

第一参数是"~*"，函数不再将"*"当成通配符，
而查找字符"*"，所以公式返回3

图5-30　查找字符"*"在字符串中的位置

5.4.8　使用FINDB函数和SEARCHB函数按字节查找

　　FINDB函数、SEARCHB函数的用法同FIND函数、SEARCH函数相同，区别在于FINDB
函数、SEARCHB函数返回的值按字节计算，而FIND函数和SEARCH函数返回的值按字符计
算，如图5-31所示。

=FINDB("技术",A2)

"技术"前的字符是"我爱Excel"共9个字节（1个
汉字2字节，1个字母1字节），所以公式返回10

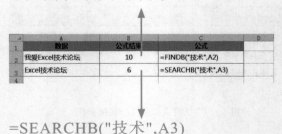

	A	B	C	D
1	数据	公式结果	公式	
2	我爱Excel技术论坛	10	=FINDB("技术",A2)	
3	Excel技术论坛	6	=SEARCHB("技术",A3)	
4				

=SEARCHB("技术",A3)

"技术"前的字符是"Excel"，
共5个字节，所以公式返回6

图5-31　按字节查找

如果你忘了字符和字节的区别，别忘了回头看看5.2.2小节中的相关内容。

第5节　使用函数截取部分字符

5.5.1　为什么要截取字符

截取字符，就像剪下一段需要使用的胶布，如图 5-32所示。

胶布很长，但我们不会一次用完它，所以只剪下需要使用的部分

图 5-32　剪一段需要的胶布

想使用多长的胶布，用剪刀剪下即可。

在Excel中处理数据时，有时单元格中保存的可能是很长的一串字符，但我们只需要其中的一部分信息，如图 5-33所示。

	A	B	C
1	文件信息	文件名称	
2	D:\Excel资料\学习教程\示例文件\用函数截取字符串.xlsx		
3	D:\计划书.doc		
4	D:\Excel资料\SUMIF函数的用法		
5	F:\电影\冰河世纪.AVI		
6	E:\照片\风景\春天.jpg		
7			

图 5-33　工作表中保存的信息

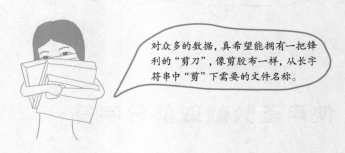

D:\Excel资料\学习教程\示例文件\用函数截取字符串.xlsx

在这串字符中，最后的**文件名称**才是我想要的信息

对众多的数据，真希望能拥有一把锋利的"剪刀"，像剪胶布一样，从长字符串中"剪"下需要的文件名称。

Excel的确拥有这样的"剪刀"，让你可以方便、快捷地截取字符串中的部分字符，如图 5-34所示。

	A	B	C
1	文件信息	文件名称	
2	D:\Excel资料\学习教程\示例文件\用函数截取字符串.xlsx	用函数截取字符串.xlsx	
3	D:\计划书.doc	计划书.doc	
4	D:\Excel资料\SUMIF函数的用法	SUMIF函数的用法	
5	F:\电影\冰河世纪.AVI	冰河世纪.AVI	
6	E:\照片\风景\春天.jpg	春天.jpg	
7			

B2　fx =TRIM(RIGHT(SUBSTITUTE(A2,"\",REPT(" ",99)),100))

只用一个公式，就取出了各条记录中的文件名，是不是比手工截取方便很多呢？

图 5-34　使用公式截取文件名称

LEFT函数、MID函数、RIGHT函数就是截取字符串最常用的3把"剪刀"，合理使用它们，就可以取出字符串中的任意字符。

5.5.2　使用LEFT函数从左端截取字符

不同的函数，能完成的任务并不相同。如果你要截取的信息在字符串的最左端，那LEFT函数将是你解决这个问题的最佳选择。

字符串由产品名称及尺寸两部分组成，但我们想截取的是最左端的产品名称**"空心管"**

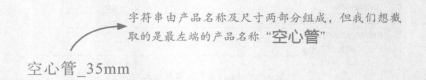

空心管_35mm

只要你告诉LEFT函数从哪个字符串中截取字符，截取多少个字符，它就能帮你完成任务，如图 5-35所示。

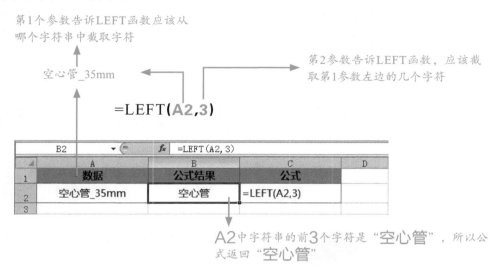

图 5-35　使用LEFT函数从左端截取字符

5.5.3　使用RIGHT函数从右端截取字符

RIGHT函数的用法和LEFT函数无全相同，区别在于LEFT函数截取字符串左端的字符，而RIGHT函数截取字符串右端的字符。如图 5-36所示。

A2是要截取的字符串，4是要截取的字符数。
公式截取A2中的字符串最右端的4个字符

=RIGHT(**A2,4**)

	B2	▼	f_x	=RIGHT(A2,4)	
	A		B	C	D
1	数据		公式结果	公式	
2	空心管_35mm		35mm	=RIGHT(A2,4)	
3					
4					

A2中字符串的后4位是"35mm"，所以公式返回
"35mm"

图 5-36　使用RIGHT函数从右端截取字符

5.5.4 左右开弓，截取中间字符

也许你要截取的信息不在字符串的最左端，也不在它的最右端，而位于字符串中间的某个位置，如图 5-37 中的问题。

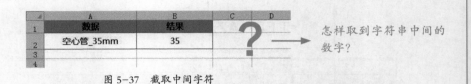

图 5-37　截取中间字符

但如果让LEFT函数和RIGHT函数配合使用，双"剑"合璧，就可以截取到字符串中任意位置的字符，如图 5-38 所示。

=LEFT(**RIGHT(A2,4)**,2)

	A	B	C	D
1	数据	结果	公式	
2	空心管_35mm	35	=LEFT(RIGHT(A2,4),2)	
3				

图 5-38　使用函数截取中间字符

在计算时，公式先用"RIGHT(A2,4)"截取A2的后4个字符，再使用LEFT函数截取返回结果的前2个字符，得到最终结果35，计算步骤如图 5-39 所示。

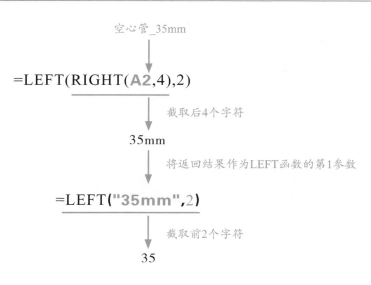

空心管_35mm

$$=LEFT(RIGHT(\textbf{A2},4),2)$$

↓　截取后4个字符

35mm

↓　将返回结果作为LEFT函数的第1参数

$$=LEFT(\textbf{"35mm"},2)$$

↓　截取前2个字符

35

图 5-39　公式的计算过程

5.5.5　截取中间字符，更灵活的MID函数

尽管可以使用LEFT函数和RIGHT函数截取到字符串中任意位置的字符，但对于截取中间字符的问题，一般我们不使用这两个函数，因为Excel专门为这类问题准备了MID函数。

你只需要告诉MID函数，要从哪个字符串中截取、从第几位开始截取、截取多少个字符，它就能完成你交给它的任务，如图 5-40所示。

$$=MID(A2,5,2)$$

	A	B	C	D
1	数据	结果	公式	
2	空心管_35mm	35	=MID(A2,5,2)	
3				

B2　　　fx　=MID(A2, 5, 2)

图 5-40　使用MID截取中间字符

第1参数告诉函数，应该从哪个字符串中截取字符 ↑

$$=MID(\textbf{A2,5,2})$$

第2参数指定从第几个字符开始截取　　　第3参数指定需要截取的字符串的长度

在处理该公式时，MID函数先引用A2单元格中的文本"空心管_35mm"，将其设置为第1参数，然后找到该字符串中的第5个字符"3"，截取从"3"开始的2个字符，最后返回截取的结果"35"，如图 5-41所示。

第5个字符是"3"，以"3"起始，长度为2个字符的字符串是"35"，所以MID函数返回的结果就是"35"

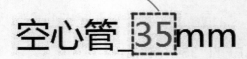

图 5-41　截取的中间字符

MID函数可以截取字符串中任意位置的任意字符，LEFT函数和RIGHT函数能完成的任务，使用MID函数也可以解决，如图 5-42、图 5-43所示。

❶　=MID(A2,1,3)

	A	B	C	D
	B2		=MID(A2, 1, 3)	
1	数据	结果	公式	
2	空心管_35mm	空心管	=MID(A2,1,3)	
3				

❷　=LEFT(A2,3)

	A	B	C	
	B2		=LEFT(A2, 3)	
1	数据	公式结果	公式	
2	空心管_35mm	空心管	=LEFT(A2,3)	
3				

图 5-42　使用MID代替LEFT

❶　=MID(A2,5,4)

	A	B	C	D
	B2		=MID(A2, 5, 4)	
1	数据	公式结果	公式	
2	空心管_35mm	35mm	=RIGHT(A2,4)	
3				

❷　=RIGHT(A2,4)

	A	B	C	D
	B2		=RIGHT(A2, 4)	
1	数据	公式结果	公式	
2	空心管_35mm	35mm	=RIGHT(A2,4)	
3				

图 5-43　使用MID代替RIGHT

尽管可以使用MID函数代替LEFT和RIGHT函数，但就像我们不提倡让一位程序员天天去干打字员的活儿一样，我们建议你针对问题需求选择最适合的函数，使用最简单的解决办法。

5.5.6　按字节截取字符

　　LEFTB函数、RIGHTB函数和MIDB函数是另外3个用于截取字符串的函数，它们的用法分别与LEFT函数、RIGHT函数和MID函数相同，区别在于前者按字节截取字符串，后者按字符截取字符串，如图 5-44所示。

第2参数4是要截取的字符包含的字节总数，1个汉字为2个字节，所以返回"空心"两个汉字

=LEFTB(A2,**4**)

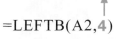

	A	B	C	D
B2			*fx* =LEFTB(A2, 4)	
1	数据	公式结果	公式	
2	空心管_35mm	空心	=LEFTB(A2,4)	
3				

图 5-44　按字节截取字符

看完这个例子后，你应该知道
"=RIGHTB("我爱ExcelHome论坛",6)"和
"=MIDB("《别怕，Excel VBA其实很简单》",15,14)"返回的结果是什么了吧？

5.5.7　分离中英文字符

　　你也许遇到过类似如图 5-45所示的分离中英文字符的问题。

A列中的字符串由汉字和英文字母两部分组成，怎样才能将汉字部分的内容截取出来，保存在B列对应的单元格中？

	A	B	C
1	数据	中文字符	
2	益和轩酒楼YHXJL		
3	金沙元年川菜食府JSYNCCSF		
4	忘情水鱼头火锅金沙店WQSYTHGJSD		
5	鱼鳞坊YSF		
6	川派印象火锅金沙店CPYXHGJSD		
7	相处砂锅XCSG		
8	云南大滚锅牛肉YNDGGNR		
9	只源酒家ZYJJ		
10	德远福酒楼DYFJL		
11	府河人家金沙店FHRJJSD		
12	双流老妈兔头啤酒广场SLLMTTPJGC		
13	聚香缘珍味菜馆JXYZWCG		
14			

图 5-45　分离中英文内容

汉字在前，字母在后，所有字符串的结构都相同。

你一定想到了，可以使用LEFT函数截取最左端的汉字信息，使用RIGHT函数截取最右端的字母信息。

但是，每个单元格中文本包含的字符数不等，应该怎样确定要截取的字符个数呢？

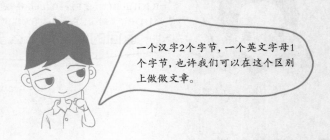

一个汉字2个字节，一个英文字母1个字节，也许我们可以在这个区别上做做文章。

只要你确定了思路，解决的方法自然就有了，如图 5-46所示即为其中一种。

字符串包含的字节数与字符数的差值，就是这个字符串包含的双字节字符（汉字）的个数。这点你能想明白吗？

=LEFT(A2,**LENB(A2)-LEN(A2)**)

B2 =LEFT(A2,LENB(A2)-LEN(A2))

	A	B	C
1	数据	中文字符	
2	益和轩酒楼YHXJL	益和轩酒楼	
3	金沙元年川菜食府JSYNCCSF	金沙元年川菜食府	
4	忘情水鱼头火锅金沙店WQSYTHGJSD	忘情水鱼头火锅金沙店	
5	鱼鳝坊YSF	鱼鳝坊	
6	川派印象火锅金沙店CPYXHGJSD	川派印象火锅金沙店	
7	相处砂锅XCSG	相处砂锅	
8	云南大滚锅牛肉YNDGGNR	云南大滚锅牛肉	
9	只源酒家ZYJJ	只源酒家	
10	德远福酒楼DYFJL	德远福酒楼	
11	府河人家金沙店FHRJJSD	府河人家金沙店	
12	双流老妈兔头啤酒广场SLLMTTPJGC	双流老妈兔头啤酒广场	
13	聚香缘珍味菜馆JXYZWCG	聚香缘珍味菜馆	
14			

图 5-46　截取字符串中的汉字信息

如果要截取汉字后的字母信息，思路也相同，如图 5-47所示。

包含字符个数的2倍，与包含字节的个数之差，即为包含的单字节个数，将其设置为RIGHT函数的第2参数，即可截取到右端的英文字母

=RIGHT(A2,**2*LEN(A2)-LENB(A2)**)

B2 =RIGHT(A2,2*LEN(A2)-LENB(A2))

	A	B	C
1	数据	中文字母	
2	益和轩酒楼YHXJL	YHXJL	
3	金沙元年川菜食府JSYNCCSF	JSYNCCSF	
4	忘情水鱼头火锅金沙店WQSYTHGJSD	WQSYTHGJSD	
5	鱼鳝坊YSF	YSF	
6	川派印象火锅金沙店CPYXHGJSD	CPYXHGJSD	
7	相处砂锅XCSG	XCSG	
8	云南大滚锅牛肉YNDGGNR	YNDGGNR	
9	只源酒家ZYJJ	ZYJJ	
10	德远福酒楼DYFJL	DYFJL	
11	府河人家金沙店FHRJJSD	FHRJJSD	
12	双流老妈兔头啤酒广场SLLMTTPJGC	SLLMTTPJGC	
13	聚香缘珍味菜馆JXYZWCG	JXYZWCG	
14			

图 5-47　截取字符串中的字母信息

解决问题的关键是思路，思路不同，解决的策略也不相同，如截取左端的汉字信息还可以用如图 5-48所示的方法。

$$=\text{LEFTB}(\text{A2},\textbf{SEARCHB}(\textbf{"?"},\textbf{A2})\textbf{-1})$$

	A	B	C
	数据	中文字符	
2	益和轩酒楼YHXJL	益和轩酒楼	
3	金沙元年川菜食府JSYNCCSF	金沙元年川菜食府	
4	忘情水鱼头火锅金沙店WQSYTHGJSD	忘情水鱼头火锅金沙店	
5	鱼鳞坊YSF	鱼鳞坊	
6	川派印象火锅金沙店CPYXHGJSD	川派印象火锅金沙店	
7	相处砂锅XCSG	相处砂锅	
8	云南大滚锅牛肉YNDGGNR	云南大滚锅牛肉	
9	只源酒家ZYJJ	只源酒家	
10	德远福酒楼DYFJL	德远福酒楼	
11	府河人家金沙店FHRJJSD	府河人家金沙店	
12	双流老妈兔头啤酒广场SLLMTTPJGC	双流老妈兔头啤酒广场	
13	聚香缘珍味菜馆JXYZWCG	聚香缘珍味菜馆	
14			

使用SEARCHB函数查找第1个单字节字符出现的位置，将其设置为LEFTB函数的第2参数

图 5-48　使用LEFTB函数截取字符串左端的汉字信息

截取右端的字母信息可以用如图 5-49所示的方法。

$$=\text{MIDB}(\text{A2},\textbf{SEARCHB}(\textbf{"?"},\textbf{A2}),\textbf{100})$$

	A	B	C
1	数据	英文字母	
2	益和轩酒楼YHXJL	YHXJL	
3	金沙元年川菜食府JSYNCCSF	JSYNCCSF	
4	忘情水鱼头火锅金沙店WQSYTHGJSD	WQSYTHGJSD	
5	鱼鳞坊YSF	YSF	
6	川派印象火锅金沙店CPYXHGJSD	CPYXHGJSD	
7	相处砂锅XCSG	XCSG	
8	云南大滚锅牛肉YNDGGNR	YNDGGNR	
9	只源酒家ZYJJ	ZYJJ	
10	德远福酒楼DYFJL	DYFJL	
11	府河人家金沙店FHRJJSD	FHRJJSD	
12	双流老妈兔头啤酒广场SLLMTTPJGC	SLLMTTPJGC	
13	聚香缘珍味菜馆JXYZWCG	JXYZWCG	
14			

100是要截取的字符串包含的字节数，因为字符串中字母的数量都不超过100，所以这里设置100为参数，你也可以将其设置为其他较大的数字或返回结果是数值的公式

图 5-49　使用MIDB函数截取字符串右端的字母信息

5.5.8　将金额分列显示在多个单元格中

如果你是一名财务人员，可能需要将某个表示金额的数值拆分在多个单元格中，如图5-50所示。

	A	B	C	D	E	F	G	H	I	J	K	L	M	N
1	金额	十	亿	千	百	十	万	千	百	十	元	角	分	
2	0.12										¥	1	2	
3	1.23									¥	1	2	3	
4	123.45								¥	1	2	3	4	5
5	12345.67					¥	1	2	3	4	5	6	7	
6	123456.78				¥	1	2	3	4	5	6	7	8	
7	12345678.9		¥	1	2	3	4	5	6	7	8	9	0	
8	123456789.9	¥	1	2	3	4	5	6	7	8	9	9	0	
9														

一个单元格中只保存一个数字，当表示金额的数值是多位数时，要将其拆分到多个单元格中

图 5-50　拆分金额到多个单元格中

这么多数据，逐个手动拆分它们，想想都头痛。

看似很麻烦的问题，对Excel而言并非难事，而且解决的方式不只一种，如图 5-51所示即为其中一种解决方法。

注意，"￥"的前面有一个空格

① 在M2中输入公式 "=LEFT(RIGHT(" ￥"&$A2*100,13-COLUMN(L:L)),1)"

② 利用填充功能，将公式复制到同行其他单元格

③ 利用填充功能，将公式复制其他行

图 5-51　使用公式拆分金额

在计算时，公式首先用RIGHT函数截取数值最右端指定位数的字符。

"$A2"使用混合引用，当向左或向右填充公式时，公式将始终引用A
列的单元格，但当向下或向上填充公式时，引用的单元格所在行会发生
改变，因此公式所在行不同，处理的数值也不相同

RIGHT(" ￥"&**$A2***100,13-COLUMN(L:L))

RIGHT函数的第1参数是要执行两步运算的表达式：第一步是将表示金额的数字乘以100，让数值扩大100倍以去掉数值中的小数；第二步是在扩大100倍的数值前加上"￥"。将经过这两步运算后得到的字符串设置为RIGHT函数的第1参数，如图 5-52所示。

| ￥12 |
| ￥123 |
| ￥12345 |
| ￥1234567 |
| ￥12345678 |
| ￥1234567890 |
| ￥12345678990 |

RIGHT(　　　　　　　,13-COLUMN(L:L))

图 5-52　RIGHT函数的第1参数

RIGHT函数的第2参数也是执行两步计算的表达式：第一步处理COLUMN函数；第二步是求13与COLUMN函数的差。公式将执行这两步计算后得到的结果设置为RIGHT函数的第2参数。

COLUMN(L:L)返回L列的列号12，其中的"L:L"表示L列，使用相对引用，当公式向左填充时，引用的列会随之更改为"K:K"、"J:J"……函数返回的值为对应列的列号11、10……

RIGHT(" ￥"&$A2*100,13-COLUMN(L:L))

13与COLUMN函数返回结果的差，即为RIGHT要截取的字符位数

第2参数为什么是13与COLUMN函数返回结果的差，而不是其他的数值？

看一下表格的结构，从"分"到"十亿"共有12位数字，拆分的单元格也是12个，根据这个提示，你一定能想到这样设置公式的意图。

当向左填充公式时，因为不同列中的COLUMN函数返回结果不同，RIGHT函数的第2参数也不相同，如图 5-53所示。

从右往左，单元格中RIGHT函数的第2参数分别是
1、2、3、……、10、11、12

RIGHT(" ￥"&$A2*100,

12	11	10	9	8	7	6	5	4	3	2	1

)

图 5-53　RIGHT函数的第2参数

第2参数不同，RIGHT函数截取到的字符串也不同，如图 5-54所示。

第1参数 "" ￥"&$A2*100" 返回的结果是4个字符组成的
"￥12"（"￥"前有一个空格），在J列左边单元格中，尽管RIGHT
函数的第2参数大于4，公式返回的结果也是相同的

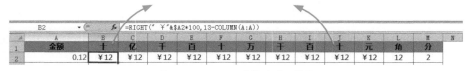

图 5-54　RIGHT函数的返回结果

最后用LEFT函数截取RIGHT函数返回结果最左边的一个字符，得到各个单元格中应写入的数字，如图 5-55所示。

未写入数字或"￥"的单元格中有一个空格，而不是空单元
格，这也是为什么要在公式中"￥"前加一个空格的原因

图 5-55　各单元格中最后返回的结果

思路不同，使用的函数不同，编写的
公式就不相同。你一定还想到了其他
解决问题的方式，快去试试吧。

5.5.9 截取指定字符前的字符

在对文本进行拆分时，有时我们预先并不知道要截取多少个字符，而需要根据字符串本身的结构和组成确定，如图 5-56所示即为其中一例。

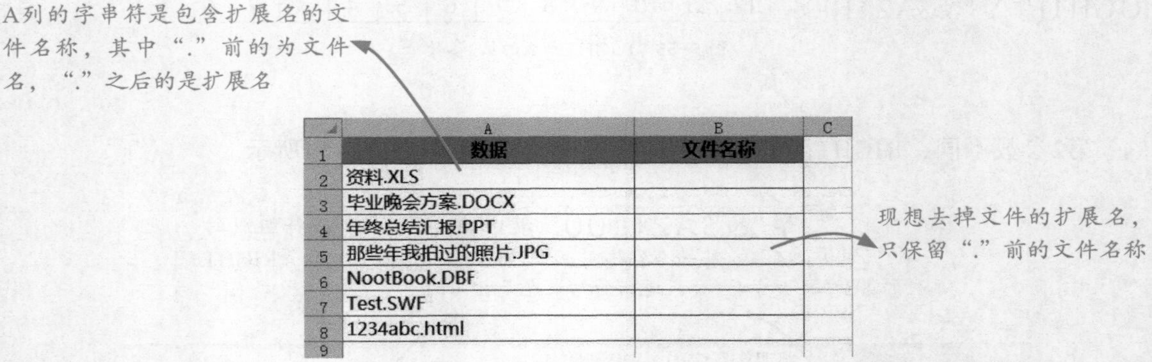

A列的字串符是包含扩展名的文件名称，其中"."前的为文件名，"."之后的是扩展名

	A	B	C
1	数据	文件名称	
2	资料.XLS		
3	毕业晚会方案.DOCX		
4	年终总结汇报.PPT		
5	那些年我拍过的照片.JPG		
6	NootBook.DBF		
7	Test.SWF		
8	1234abc.html		
9			

现想去掉文件的扩展名，只保留"."前的文件名称

图 5-56　截取小数点前的字符串

A列中的文件名称长短不一，要截取多少个字符，需要根据"."的位置确定。

对于类似的问题，可以先借助FIND函数找到"."的位置，再以此确定要截取的字符个数，如图 5-57所示。

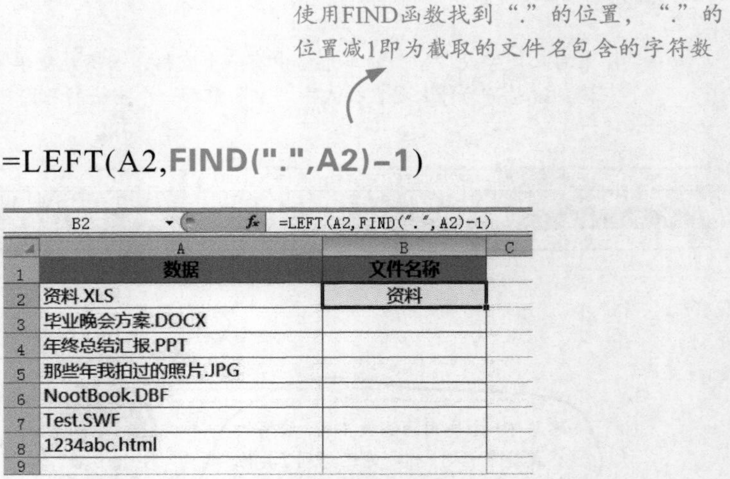

使用FIND函数找到"."的位置，"."的位置减1即为截取的文件名包含的字符数

=LEFT(A2,**FIND(".",A2)**−1)

		B2	▾ (fx =LEFT(A2,FIND(".",A2)-1)	
	A		B	C
1	数据		文件名称	
2	资料.XLS		资料	
3	毕业晚会方案.DOCX			
4	年终总结汇报.PPT			
5	那些年我拍过的照片.JPG			
6	NootBook.DBF			
7	Test.SWF			
8	1234abc.html			
9				

图 5-57　使用公式截取小数点前的字符串

将这个公式使用填充功能复制到其他单元格，问题就解决了，如图 5-58所示。

	B5		▼	f_x	=LEFT(A5,FIND(".",A5)-1)	
	A			B		C
1	数据			文件名称		
2	资料.XLS			资料		
3	毕业晚会方案.DOCX			毕业晚会方案		
4	年终总结汇报.PPT			年终总结汇报		
5	那些年我拍过的照片.JPG			那些年我拍过的照片		
6	NootBook.DBF			NootBook		
7	Test.SWF			Test		
8	1234abc.html			1234abc		
9						

图 5-58　使用公式截取小数点前的字符串

借助这个思路，还可以截取指定字符右端的字符串，如图 5-59所示。

LEN函数返回结果为A5中数据包含的字符数，FIND函数返回结果是
"."及之前包含的字符数，二者之差即为"."之后的字符数

$$=RIGHT(A5,LEN(A5)-FIND(".",A5))$$

	C5	▼	f_x	=RIGHT(A5, LEN(A5)-FIND(".",A5))	
	A	B		C	D
1	数据	文件名称		扩展名	
2	资料.XLS	资料		XLS	
3	毕业晚会方案.DOCX	毕业晚会方案		DOCX	
4	年终总结汇报.PPT	年终总结汇报		PPT	
5	那些年我拍过的照片.JPG	那些年我拍过的照片		JPG	
6	NootBook.DBF	NootBook		DBF	
7	Test.SWF	Test		SWF	
8	1234abc.html	1234abc		html	
9					

图 5-59　截取小数点右边的字符串

还可以参照图 5-34中的方法解决这个问题，如图 5-60所示。

TRIM函数用于清除文本中所有的空
格，但仍保留单词之间的单个空格

REPT函数就像一台复印机，将第1参数的空格" "复
印99份，组成一个由99个" "组成的新字符串

$$=TRIM(RIGHT(SUBSTITUTE(A2,".",REPT(" ",99)),99))$$

	C2	▼	f_x	=TRIM(RIGHT(SUBSTITUTE(A2,".",REPT(" ",99)),99))	
	A	B		C	D
1	数据	文件名称		扩展名	
2	资料.XLS	资料		XLS	
3	毕业晚会方案.DOCX	毕业晚会方案		DOCX	
4	年终总结汇报.PPT	年终总结汇报		PPT	
5	那些年我拍过的照片.JPG	那些年我拍过的照片		JPG	
6	NootBook.DBF	NootBook		DBF	
7	Test.SWF	Test		SWF	
8	1234abc.html	1234abc		html	
9					

图 5-60　截取小数点右边的字符串

公式先使用SUBSTITUTE函数将原字符串中的"."替换为99个空格，再使用RIGHT函数截取替换后的字符串最右端的99个字符，最后用TRIM函数去掉截取到的字符串中的空格，就得到最后一个"."右端的字符。

因为需要截取的字符数不会超过99个字符，所以公式中REPT函数和RIGHT函数的第2参数都设置为99，如果需要截取的字符可能多于99个，可以将其换为另一个较大的数。

第6节 替换字符串中的部分字符

5.6.1 使用SUBSTITUTE函数替换指定的字符

SUBSTITUTE函数就像上学时你使用的修正液。

如果书写出错，你不用担心。修正液能助你轻松修正错误。

正如你用笔书写一样，你录入Excel中的数据有时也需要对其中的部分内容进行修正，如图 5-61所示。

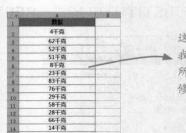

这些数据的单位是"千克"，但我们想使用的单位是"公斤"，所以需要对这些数据的单位进行修正

图 5-61 使用"千克"作单位的数据

将"千克"替换为"公斤"，这样的问题你一定能想到许多解决方法，如查找替换。这一节中我们要介绍的是使用函数进行替换，如图 5-62所示。

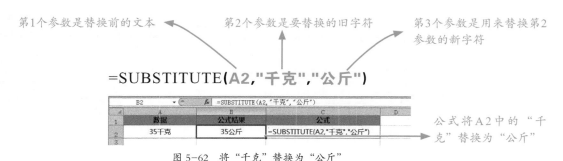

图 5-62 将"千克"替换为"公斤"

当然，有时你编写的公式并不能完全满足你的需求，如图 5-63所示。

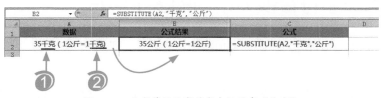

图 5-63 公式替换了字符串中的所有"千克"

当要替换的字符串（第2参数）在第1参数中出现多次，而你只想替换其中的某一个，可以通过函数的第4参数指定，如图 5-64所示。

=SUBSTITUTE(A2,"千克","公斤",**1**)

第4参数为1，在替换时，SUBSTITUTE函数只替换第1参数中的第1个“千克”为“公斤”

B2 fx =SUBSTITUTE(A2,"千克","公斤",1)

	A	B	C	D
1	数据	公式结果	公式	
2	35千克（1公斤=1千克）	35公斤（1公斤=1千克）	=SUBSTITUTE(A2,"千克","公斤",1)	
3				

图 5-64 替换字符串中的第1个“千克”为“公斤”

完整的SUBSTITUTE函数有4个参数，在使用SUBSTITUTE函数时，必须指定前3个参数，第4个参数可以省略。如果省略，函数将把文本中所有与第2参数相同的字符都替换为第3参数的新字符。

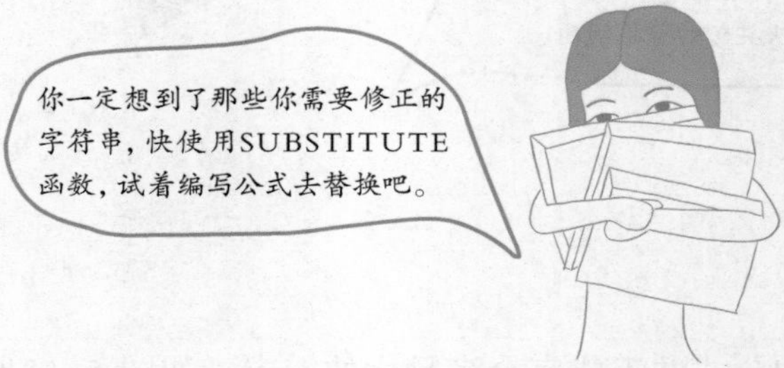
你一定想到了那些你需要修正的字符串，快使用SUBSTITUTE函数，试着编写公式去替换吧。

5.6.2 将同一字符替换为不同的多个字符

在字符串“AXC-001BC-D001”中有两个“-”，现想将第1个“-”替换为“#”，第2个“-”替换为“@”。

要解决这个问题，可以使用两个SUBSTITUTE函数分次进行替换，如图 5-65所示。

使用两个SUBSTITUTE函数完成两个替换任务。函数使用了第4参数，一次只能替换一个字符，而不会将所有相同字符全部替换

=SUBSTITUTE(**SUBSTITUTE(A2,"-","#",1)**,"-","@",1)

B2 fx =SUBSTITUTE(SUBSTITUTE(A2,"-","#",1),"-","@",1)

	A	B	C	D	E	F	G
1	数据	转换结果					
2	AXC-001BC-D001	AXC#001BC@D001					
3	A-XXX01-2199	A#XXX01@2199					
4	B0001C-25-F1002	B0001C#25@F1002					
5							

图 5-65 替换同一字符为不同的多个字符

5.6.3　用REPLACE函数替换指定位置的文本

REPLACE函数用于替换字符串中指定位置的字符，无论该位置是什么字符，函数都能将其替换，如图 5-66所示。

=REPLACE(A2,6,4,"上半年")

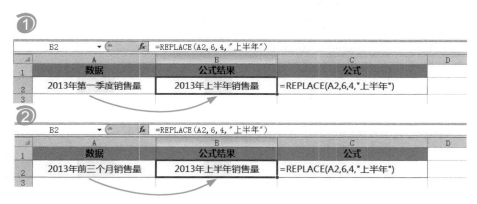

图 5-66　替换指定位置的字符

按字符，还是按位置替换，这是REPLACE函数和SUBSTITUTE函数的区别。

从公式中我们可以看到，REPLACE函数共有4个参数，各参数的用途如图 5-67所示。

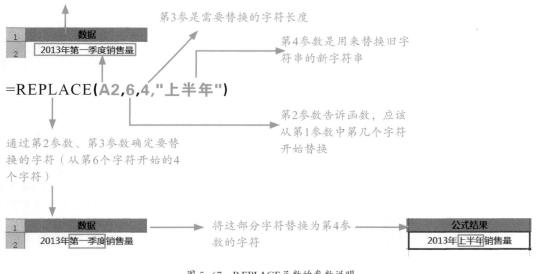

图 5-67　REPLACE函数的参数说明

5.6.4　使用REPLACEB函数按字节数替换

REPLACEB函数的用法与REPLACE函数完全相同，区别在于REPLACE函数按字符进行替换，而RELACEB函数按字节进行替换，如图 5-68所示。

=REPLACEB(A2,7,8,"上半年")

> 要替换的"第一季度"有4个汉字，含8个字节，所以第3参数设置为8

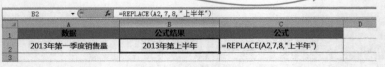

	A	B	C	D
		B2　　▾ 　ƒx =REPLACE(A2,7,8,"上半年")		
1	数据	公式结果	公式	
2	2013年第一季度销售量	2013年第上半年	=REPLACE(A2,7,8,"上半年")	
3				

图 5-68　使用REPLACEB函数按字节替换

5.6.5　加密电话号码中的部分信息

某些信息，如身份证号、电话号码等，并不宜全部对外公开，而需要将其中的部分信息加密，如图 5-69所示。

	A	B
1	电话号码	
2	181*****388	
3	182*****345	
4	139*****589	
5	139*****441	
6	137*****643	
7	180*****043	
8		
9		
10		

> 只显示电话号码的前三位和后三位，中间的5位数字全部显示为星号"*"

图 5-69　加密后的电话号码

加密电话号码，实际就是将电话号码中间的5个数字替换为星号"*"，使用REPLACE函数就可以完成，方法如图 5-70所示。

=REPLACE(A2,4,5,"*****")

	A	B	C	D
		B2　　▾ 　ƒx =REPLACE(A2,4,5,"*****")		
1	电话号码	电话号码		
2	18111812388	181*****388		
3	18286021345	182*****345		
4	13984021589	139*****589		
5	13984066441	139*****441		
6	13734278643	137*****643		
7	18085189043	180*****043		
8				

> 将A2的字符中第4个及之后的5个字符替换为"*****"

图 5-70　使用REPLACE函数加密电话号码

5.6.6 处理使用错误分隔符的不规范日期

我们知道，录入日期时，年、月、日之间使用的分隔符只能是反斜线"/"或短划线"–"，使用其他如小数点之类的分隔符录入的数据，Excel都不会将其识别为日期。但是在处理别人录入的日期数据时，我们总会看到各种各样不规范的日期数据，如图5-71所示。

数据中的分隔符有小数点"."、长划线"—"、"@"，还有其他一些无法预知的字符

图 5-71　使用错误分隔符的不规范日期

要将这些不规范的日期转为规范的日期样式，需要将其中不规范的分隔符替换为正确的分隔符。

因为SUBSTITUTE函数只能替换指定的字符，所以对每个可能出现的错误分隔符都需要使用一个SUBSTITUTE函数进行替换，如图 5-72所示。

使用3个SUBSTITUTE函数分别替换了原数据中的3种不规范分隔符"."、"。"和"、"

=SUBSTITUTE(SUBSTITUTE(SUBSTITUTE(A2,".","-"),"。","-"),"、","-")

替换后的日期符合Excel的日期样式

图 5-72　使用SUBSTITUTE函数替换错误的日期分隔符

但因为我们无法预知别人会使用哪些错误的分隔符，或当别人使用的错误分隔符种类较多时，使用SUBSTITUTE函数替换并不方便，如图 5-73所示。

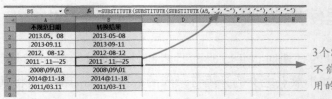

图 5-73　未处理完的不规划日期

3个SUBSTITUTE函数并不能全部替换日期中使用的错误分隔符

无论分隔符是否正确，分隔符在数据中的位置都是相同的。因为使用REPLACE函数替换字符时，是按字符的位置进行替换，所以，使用REPLACE函数解决该例中的问题更合适，方法如图 5-74所示。

=REPLACE(REPLACE(A2,5,1,"–"),8,1,"-")

使用两个REPLACE函数分别替换字符串中的**第5个**和**第8个**字符为短划线"-"

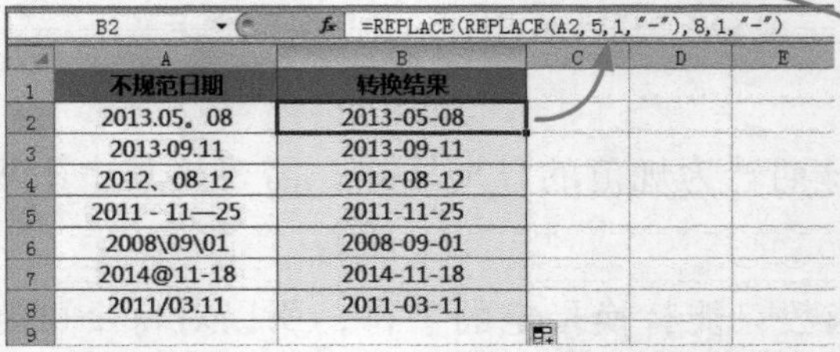

图 5-74　使用REPLACE函数替换错误的日期分隔符

SUBSTITUTE函数和REPLACE函数返回的结果都是文本，所有使用它们处理后的数据都只具有日期的外形，本质上还是字符串。要想让其成为真正的日期，还应将其转为数值类型，再设置单元格格式为日期格式，如图 5-75所示。

=--REPLACE(REPLACE(A2,5,1,"-"),8,1,"-")

"——"是两个负号，相当于让原数据乘以两个-1，使用它能将REPLACE函数返回的字符串转为数值类型

日期也是数值，设置单元格格式可转换其显示样式

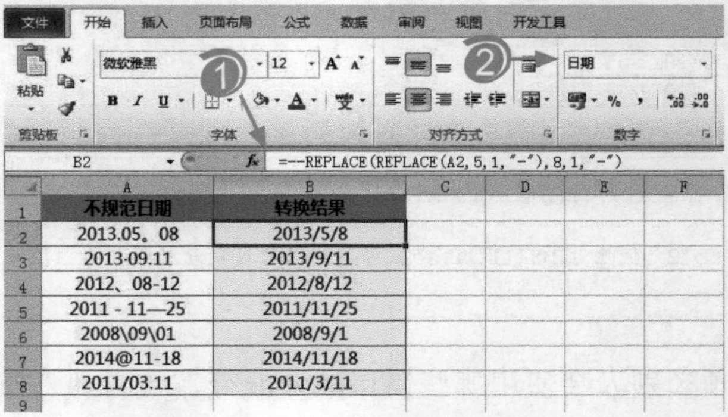

图 5-75　将字符串转为日期数据

第7节 使用TEXT函数替字符串“整容”

TEXT函数就像一位整容医生，可以根据数据的特点，重新塑造它的外观，让它以一张全新的面孔呈现在你的眼前。

TEXT函数的作用类似于自定义数字格式，如果你熟悉自定义格式，那么学习和使用TEXT函数对你来说，将是一件十分轻松的事。

5.7.1 TEXT函数与自定义数字格式

TEXT函数与自定义格式有很多相似之处，如图 5-76所示，分别使用自定义格式和TEXT函数，将一个8位数字更改为日期样式。

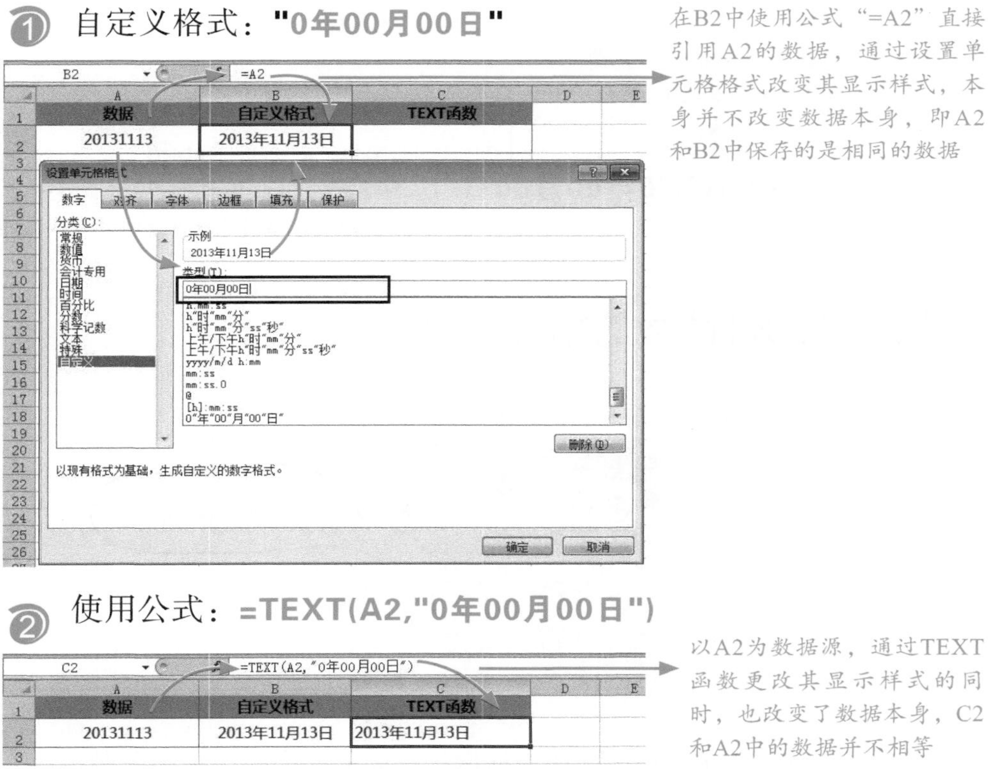
① 自定义格式："0年00月00日"
在B2中使用公式“=A2”直接引用A2的数据，通过设置单元格格式改变其显示样式，本身并不改变数据本身，即A2和B2中保存的是相同的数据
B2
=A2
数据
自定义格式
TEXT函数
20131113
2013年11月13日
设置单元格格式
数字
对齐
字体
边框
填充
保护
分类(C):
常规
数值
货币
会计专用
日期
时间
百分比
分数
科学记数
文本
特殊
自定义
示例
2013年11月13日
类型(T):
0年00月00日
删除(D)
以现有格式为基础，生成自定义的数字格式。
确定
取消
② 使用公式：=TEXT(A2,"0年00月00日")
以A2为数据源，通过TEXT函数更改其显示样式的同时，也改变了数据本身，C2和A2中的数据并不相等
C2
=TEXT(A2,"0年00月00日")
数据
自定义格式
TEXT函数
20131113
2013年11月13日
2013年11月13日

图 5-76 更改数据的外观样式

自定义数字格式的代码与TEXT函数的第2参数完全一致，一定会给你带来一些启示，你甚至会感觉，TEXT函数就是函数版的自定义数字格式。

是的，很多时候，都可以直接将自定义数字格式的代码设置为TEXT函数的第2参数，用以更改数据的外观样式。但事实上，二者却有着本质的区别：使用自定义格式只是改变了数据的显示样式，却不会改变数据的大小，就像是给一个人戴上一张漂亮的面具，虽然看上去好看，但面具背后真正的容貌还是原来那张。而使用TEXT函数不仅改变了数据的显示样式，同时也改变了数据本身，而且无论原数据是什么类型的数据，函数返回的数据一定是文本类型的字符串，这就像是给人做了整容手术，从根本上改变了原来的容貌。

5.7.2　TEXT函数的参数说明

TEXT函数有两个参数，第1个参数指定需要转换外观样式的数据，第2参数用于指定转换的样式。

要对谁"整容"，就将谁设置为函数的第1参数

=TEXT(A2,"0年00月00日")

第2参数是**格式代码**。用来告诉TEXT函数，应该将第1参数的数据更改成什么样子。参数必须是字符串或返回结果是字符串的引用、名称或公式

5.7.3　TEXT函数的格式代码

我想要双眼皮和高鼻梁。

告诉医生你的需求，医生才能根据你的需求实施手术。TEXT函数的第2参数就是你告诉"整容医生"的需求，我们将其称为格式代码，不同的格式代码，让TEXT函数知道应该将第1参数的数据"整容"成什么样子。

所以，学习TEXT函数，就是学习如何替函数设置第2参数。

5.7.4 格式代码的4个区段

TEXT函数的格式代码共有4个区段，每个区段之间用英文分号（;）隔开，每个区段的代码作用于不同类型的数据：

① 正数; **②** 负数; **③** 零值; **④** 文本

当"整容"的数据为正数时，就在第1区段指定"整容"要求，如果要"整容"的数据是0，就在第3区段指定要求，如图 5-77所示。

第2区段的字符是"**负数**"，表示当第1参数的数据是**负数**时，函数返回"负数"，其他区段的作用类似

=TEXT(**A2**,"正数;负数;零;文本")

	A	B	C	D
	数据	公式结果		
2	35	正数		
3	-25.1	负数		
4	0	零		
5	ExcelHome	文本		
6				

B2 =TEXT(A2,"正数;负数;零;文本")

图 5-77 格式代码的4个区段

在这个例子中，你可以试试改变TEXT函数第2参数中各区段的字符，看看公式返回结果有什么变化。

是不是发现它有点像前面介绍过的IF函数呢?

虽然完整的格式代码有4个区段，但在使用时，并不是必须写满4个区段，如"=TEXT(A2,"0年00月00日")"中的格式代码就只有1个区段。

如果格式代码只有1个区段，则该代码作用于所有的数字上。如图 5-78所示。

=TEXT(**A2,"数字"**)

B2 =TEXT(A2,"数字")

	A	B	C
1	数据	公式结果	
2	35	数字	
3	-25.1	-数字	
4	0	数字	
5	ExcelHome	ExcelHome	
6			

当第1参数的数据是数字时，函数返回"数字"；第1参数的数据是负数时，函数返回"-数字"

"ExcelHome"是文本，不是数字，所以设置的格式代码对它不起作用

图 5-78　只有1个区段的格式代码

如果替格式代码定义两个区段，则第1区段作用于正数和0，第2区段用于负数。如图 5-79所示。

=TEXT(**A2,"非负数;负数"**)

B2 =TEXT(A2,"非负数;负数")

	A	B	C	D
1	数据	公式结果		
2	35	非负数		
3	-25.1	负数		
4	0	非负数		
5	ExcelHome	ExcelHome		
6				

只有两个区段的格式代码对字符串"ExcelHome"不起作用

图 5-79　只有2个区段的格式代码

如果格式代码有3个区段，则第1区段作用于正数，第2区段作用于负数，第3区段作用于0值。如图 5-80所示。

=TEXT(**A2,"正数;负数;零"**)

B2 =TEXT(A2,"正数;负数;零")

	A	B	C	D
1	数据	公式结果		
2	35	正数		
3	-25.1	负数		
4	0	零		
5	ExcelHome	ExcelHome		
6				

只有3个区段的格式代码对字符串"ExcelHome"不起作用

图 5-80　只有3个区段的格式代码

5.7.5 自己替函数设置格式代码

你可能会感觉TEXT函数就像IF函数。

是的，TEXT函数在某些场合可以代替IF函数解决条件判断的问题。

TEXT函数允许我们自己为数据定义条件，这使得TEXT函数能选择的条件不仅仅是正数、负数、零或文本这几种固定的条件。当然，你定义的条件依然不能超过4个区段，且前3个区段只能用于设定数字的格式，第4区段用于设定文本的格式。

❶ [条件1]数字格式; ❷ [条件2]数字格式; ❸ 不满足条件1、2的数字格式; ❹ 文本格式

如图 5-81所示，为使用TEXT函数为学生成绩评定等次的方法。

自定义的条件应写在中括号中

=TEXT(B2,"[>=80]优秀;[>=60]及格;不及格;分数错误")

C2 =TEXT(B2,"[>=80]优秀;[>=60]及格;不及格;分数错误")

	A	B	C	D	E	F
1	姓名	成绩	等级		评定标准	
2	聂倩	84	优秀		分数段	等次
3	张成艳	66	及格		0≤分数<60	不及格
4	郭芸	51	不及格		60≤分数<80	及格
5	孙中银	94	优秀		80≤分数	优秀
6	熊祥飞	74	及格			
7	王勇	93	优秀			
8	顾勇	40	不及格			
9	卢林涛	84分	分数错误			
10	梁守印	56	不及格			
11	郑少红	87	优秀			
12	孟俊	46	不及格			
13						

所有不满足第1、2区段条件的数字都返回“不及格”。格式代码中最多只能设置2个条件，第3区段不能设置条件

B9的“84分”是文本，所以函数返回第4区段的“分数错误”

图 5-81 给学生成绩评定等级

使用自定义的格式代码时，也不是必须要写满4个区段的代码。如果只设置一个区段，表示为：

[条件]数字格式代码

此时，格式代码应用于所有满足条件的数字，如图 5-82所示。

=TEXT(B2,"[>=60]及格")

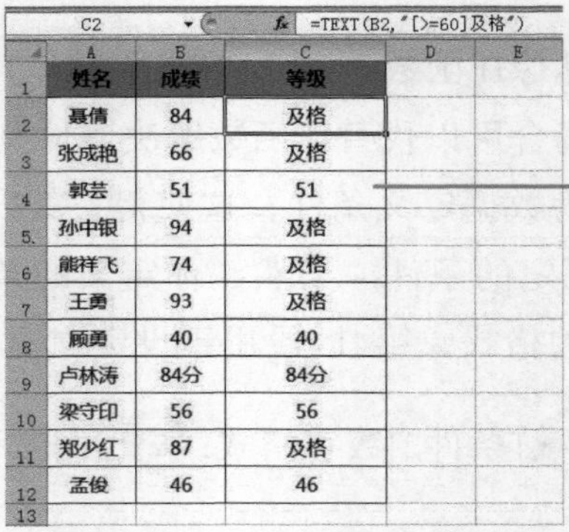
C2 | =TEXT(B2,"[>=60]及格")

姓名	成绩	等级
聂倩	84	及格
张成艳	66	及格
郭芸	51	51
孙中银	94	及格
熊祥飞	74	及格
王勇	93	及格
顾勇	40	40
卢林涛	84分	84分
梁守印	56	56
郑少红	87	及格
孟俊	46	46

所有不满足条件（小于60）的数值和文本内容都不受格式代码影响，返回原值

图 5-82　使用1个区段的自定义格式代码

如果使用两个区段，表示为：

❶[条件]数字格式代码; ❷不满足条件的格式代码

此时，第1区段应用于满足条件的数字，第2区段应用于所有不满足条件的数字。

如果使用3个区段，表示为：

❶[条件1]数字格式; ❷[条件2]数字格式; ❸不满足条件1、2的数字格式

Excel总是按条件出现的先后顺序对数据进行处理，因此，在自定义格式代码时，如果第1区段的条件与第2区段的条件存在交集，则交集的数据将按条件1设定的规则处理。如在图 5-81的例子中，94分的成绩既满足大于或等于80的条件1，也满足大于或等于60的条件2，但因为条件1在前，所以，所有大于80分的成绩都返回“优秀”。如果将条件1和条件2的顺序交换，公式将不会返回“优秀”，如图 5-83所示。

=TEXT(B2,"[>=60]及格;[>=80]优秀;不及格;分数错误")

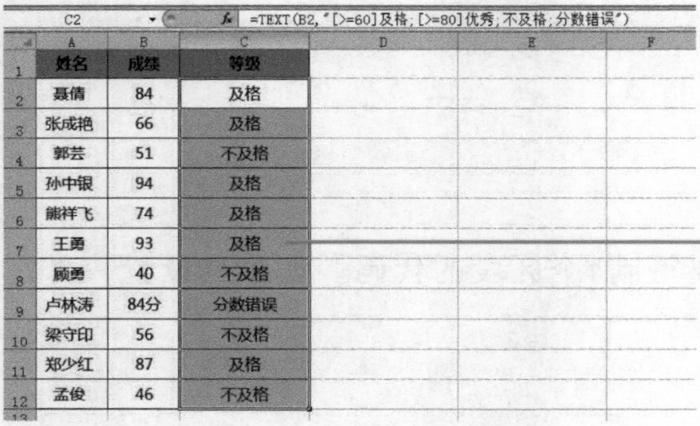
C2 | =TEXT(B2,"[>=60]及格;[>=80]优秀;不及格;分数错误")

姓名	成绩	等级
聂倩	84	及格
张成艳	66	及格
郭芸	51	不及格
孙中银	94	及格
熊祥飞	74	及格
王勇	93	及格
顾勇	40	不及格
卢林涛	84分	分数错误
梁守印	56	不及格
郑少红	87	及格
孟俊	46	不及格

所有达到80分的分数，已经按第1区段中的规则转为“及格”，所以没有公式返回“优秀”

图 5-83　顺序错误的格式代码

5.7.6 使用现成的格式代码

TEXT函数与自定义数字格式有很多相似之处，多数自定义数字格式的代码，都可以直接用在TEXT函数中，如果你不知道怎样给TEXT函数设置格式代码，可以在【设置单元格格式】对话框中，参考Excel已经准备好的自定义数字格式代码，如图 5-84所示。

多数自定义格式的代码可以直接设置为TEXT函数的
第2参数，你能看懂它们吗？

图 5-84 自定义数字格式的代码

只有了解数字格式代码中各个字符的意义，才能真正理解数字格式代码，进而编写数字格式代码。这些数字格式代码，多数都是为设置数字格式准备的。当你真正读懂它们后，使用TEXT函数就没有什么太大的问题了。

如果你读不懂这些代码，那就继续阅读后面的内容。

5.7.7 数字格式代码中的数字占位符

什么是占位符？

简单地说，占位符就是占据字符位置的符号，就像你在图书馆中取书时，放在座位上占位置的包一样。在转换数字格式时，通常会在数字格式代码中使用数字占位符，常用的数字占位符有0、？、#等。

也许你不相信,格式代码中那些你看不懂的乱七八糟的字符,多数都是占位符。只有理解各种占位符的作用,你才能真正读懂格式代码,从而用好TEXT函数。

5.7.8 让数据统一显示固定的位数

一个占位符0占据一个字符的位置,格式代码中有多少个占位符0,第1参数的数字就至少显示多少位,如果实际数字位数少于占位符0的个数,将自动在数字前面用0补足,如图 5-85所示。

=TEXT(A2,"000") ──────→ 格式代码使用了3个0,则应将A2的数字**至少**显示3位

	A	B	C
	B2		fx =TEXT(A2,"000")
1	数据	至少显示三位数字	
2	11	011	
3	3	003	
4	10002	10002	
5	999	999	
6			

位数不足3位,自动在前面用0补足

数据超过3位的,显示数据本身

图 5-85 将数字至少显示3位

0是占位符,如果你想让TEXT函数返回的结果就是0本身,应将其设置为字符串,对应的方法请参阅5.7.15中的相关内容。

5.7.9 用TEXT函数对数据进行取舍

可以在格式代码中使用小数点(.),代替ROUND函数完成四舍五入的任务,如图5-86所示。

=TEXT(A2,"0.00")

小数点前有1个0，表示整数部分至少应显示1个数字，小数点后有2个0，表示将小数统一显示为两位

	A	B	C
	数据	保留两位小数	
1			
2	11.523	11.52	
3	305.2569	305.26	
4	100.2	100.20	
5	999	999.00	
6			

B2　fx　=TEXT(A2,"0.00")

超过两位小数的，函数自动对其进行四舍五入，不足两位的，自动用0补足两位

图 5-86　让数据统一显示两位小数

5.7.10　让所有数据按小数点对齐

占位符?与0的使用规则相同，区别在于使用?时，将不显示数字左面及小数点后无效的0。

如果在某个位置上使用了占位符"?"，而该位置上没有数据，函数将在该位置上使用空格补足，如图 5-87所示。

小数点后有多少个占位符"?"，就显示几位小数。超出位数的自动四舍五入，不足位数的用空格补足。但小数点左面只显示有效的数字，无效的数值0将被舍去，有效数字小于"?"个数的，用空格补足

=TEXT(A2,"???.???")

	A	B	C
	数据	对齐小数点	
1			
2	0001	1.	
3	3.00100	3. 001	
4	10002	10002.	
5	999.12358	999. 124	
6			

B2　fx　=TEXT(A2,"???.???")

将单元格格式设置为"右对齐"，可发现补在小数点后面的空格。正因为不足3位小数的部分都补上了空格，所以使用该方法可使所有数据按小数点对齐，便于比较数据的大小

图 5-87　让所有数据按小数点对齐

5.7.11 去掉数字中无意义的0

占位符“#”的应用规则与0和“？”类似，区别在于无论你在格式代码中使用多少个“#”，数字左边或小数点右边无意义的0均不会显示。就算数字位数小于#的个数时，Excel也不会用0、空格或其他字符补足位数。如图 5-88所示。

=TEXT(A2,"####.####")

无论使用多少个#，整数部分和小数部分都将只显示有意义的数字，且不用任何字符补足位数。整数部分如果是0，也不显示0

B2 　=TEXT(A2,"####.####")

	A	B	C
1	数据	只显示有效数字	
2	0003.5000	3.5	
3	250	250.	
4	010.12025364	10.1203	
5	100000	100000.	
6			

小数部分#的个数限定最多只能显示的小数位数，如果实际的小数位数超过#的个数，将按#的个数对其四舍五入

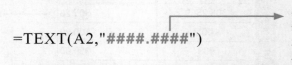

图 5-88　在格式代码中使用占位符#

5.7.12 在格式代码中使用千分位分隔符

除了数字占位符，在数字格式代码中还经常用到小数点（.）和千分位分隔符（,）。

当你在数字格式代码中加入小数点（.）后，返回的数据就会在对应位置加入小数点，在前面例子中已经使用过它，这里不再多说。

这里我们说说千分位分隔符（,）。

当你在格式代码中使用千分位符后，Excel会自动在返回的数据中加上千分位符，如图 5-89所示。

=TEXT(A2,"#,#")

两个#号之间的逗号是千分位分隔符，使用#作为占位符，将只显示有意义数字

B2 　=TEXT(A2,"#,#")

	A	B	C
1	数据	加入千分位符	
2	4000000	4,000,000	
3	3000	3,000	
4	200	200	
5	10	10	
6			

函数根据数字的位数，自动插入一定数量的千分位分隔符。如果数字小于1000，则不插入分隔符

图 5-89　在格式代码中使用千分位分隔符

5.7.13　让数字缩小1000倍

使用千分位分隔符可以很方便地将数据缩小1000倍，只保留整数部分，如图 5-90 所示。

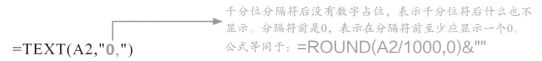

千分位分隔符后没有数字占位，表示千分位符后什么也不显示。分隔符前是0，表示在分隔符前至少应显示一个0。

公式等同于：=ROUND(A2/1000,0)&""

=TEXT(A2,"0,")

	A	B	C
1	数据	将数字缩小1000倍	
2	4000000	4000	
3	3000	3	
4	999	1	
5	10	0	
6			

数字小于1000的，将其缩小1000倍后，对其四舍五入，只取整数

图 5-90　让数字缩小1000倍

5.7.14　格式代码中的其他符号

除了数字占位符、小数点、千分位分隔符外，Excel中还提供了许多用来处理日期、时间等其他数据的特殊字符和符号，如"yyyy"、"hh"、"ss"等，你可以在TEXT函数的帮助信息中查到这些具有特殊意义的符号，其中有很详细的说明和介绍，如图 5-91 所示即为部分处理日期数据时用到的字符代码。

图 5-91　用于设置格式的其他符号

5.7.15 格式代码中的字符串

在数字格式代码中，除了占位符及其他具有特殊作用的符号外的内容，都属于字符串，如图 5-82所示的公式"=TEXT(B2,"[>=60]及格")"中的"及格"就是字符串。

在计算时，格式代码中的字符串将被原样输出，不作任何更改，如图 5-92所示。

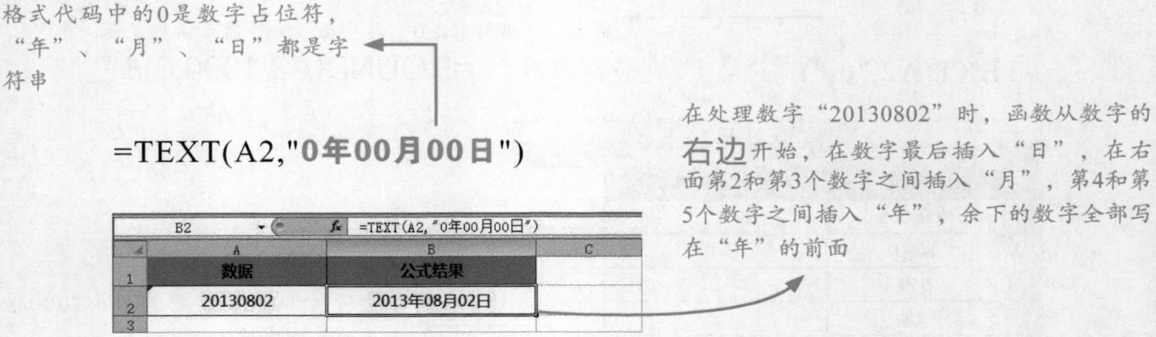

格式代码中的0是数字占位符，"年"、"月"、"日"都是字符串

=TEXT(A2,"0年00月00日")

在处理数字"20130802"时，函数从数字的**右边**开始，在数字最后插入"日"，在右面第2和第3个数字之间插入"月"，第4和第5个数字之间插入"年"，余下的数字全部写在"年"的前面

	A	B	C
	数据	公式结果	
1			
2	20130802	2013年08月02日	
3			

B2 ▼ fx =TEXT(A2,"0年00月00日")

图 5-92　格式代码中的字符串

数字格式代码中有5个0，公式在A2中返回的数据至少应显示5位。TEXT函数总是从数字的最右端开始对数据进行处理，对于代码中的字符串，会在对应的位置原样输出。

对一些具有特殊意义的字符（如小数点），为了让TEXT函数清楚地区分它们是普通字符还是具有特殊意义的字符，需要给作为字符串的它们加上特殊的标识。

当你想让TEXT函数将某个特殊字符（如0、#等）当成普通字符串，应该在该字符前加上感叹号"!"或斜线"\"，任何字符（包括"!"或"\"），只要前面带上"!"或"\"，都会被识别为普通的字符串，失去其他特殊的功能，如图 5-93所示。

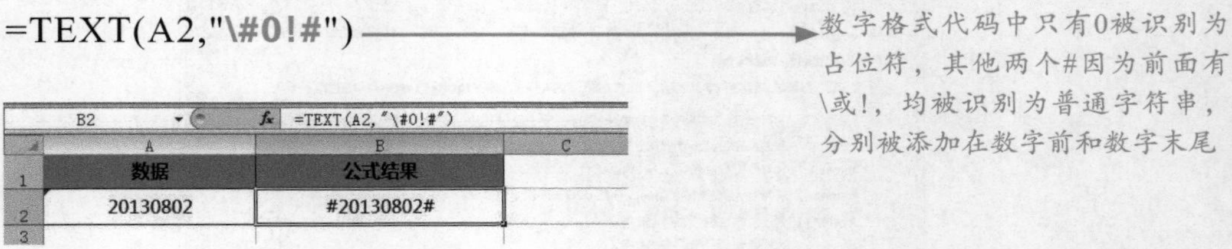

=TEXT(A2,"\#0!#")

数字格式代码中只有0被识别为占位符，其他两个#因为前面有\或!，均被识别为普通字符串，分别被添加在数字前和数字末尾

	A	B	C
	数据	公式结果	
1			
2	20130802	#20130802#	
3			

B2 ▼ fx =TEXT(A2,"\#0!#")

图 5-93　将占位符设置为普通字符

无论TEXT函数第2参数的格式代码由什么字符组成，只要你了解它的结构和组成要素，就能读懂它的意思了。

5.7.16　将小数显示为分数

对于任意数值，可以使用TEXT函数将其转换为指定样式的分数，如图5-94所示。

=TEXT(A2,"**#又#/#**") → 将数据转换为最简带分数

B2　=TEXT(A2,"#又#/#")

	A	B
1	数据	转换为分数
2	5.2	5又1/5
3	2.8	2又4/5
4	3.75	3又3/4
5	0.33	1/3

=TEXT(A2,"**#又#/10**") → 将数据转换为分母是10的带分数

B2　=TEXT(A2,"#又#/10")

	A	B
1	数据	转换为指定分子的分数
2	5.2	5又2/10
3	2.8	2又8/10
4	3.75	3又8/10
5	0.33	3/10

图 5-94　将小数显示为分数

5.7.17　将小写金额转为中文大写样式

如果表示金额的数字是正整数，要将其转换为大写金额，可以使用如图 5-95所示的方法。

公式也可写为：=TEXT(A2,"[DBNum2]G/通用格式元整")

=TEXT(A2,"**[DBNum2]G/通用格式**")&"元整"

B2　=TEXT(A2,"[DBNum2]G/通用格式")&"元整"

	A	B
1	小写金额	大写金额
2	250	贰佰伍拾元整
3	10000	壹万元整
4	35689	叁万伍仟陆佰捌拾玖元整
5	4200	肆仟贰佰元整

→ 你可以将公式中的[DBNum2]改为[DBNum1]或[DBNum3]，看看返回的结果有什么不同

图 5-95　将小与金额转为大写金额

该公式只适用于正整数的金额转换，如存在负数或小数，公式会复杂很多，但使用的思路及原理大致相同，相应的公式在网上搜索一下就能得到大把的结果，如图5-96所示。

在搜索的关键词后加上"Site:club.excelhome.net"指定在
ExcelHome论坛搜索，会让你搜索到更多实用的干货哦

图 5-96 通过网络搜索解决问题的方法

5.7.18 让数字以百万为单位显示

将数字改为以"百万"为单位，实际就是使用千分位分隔符将数字缩小100万倍，方法如图 5-97所示。

=TEXT(A2,"0.0#,,")

格式代码中使用了一个小数点、两个占位符0、一个占位符#和两个千分位分隔符

数据	以百万为单位显示
1000000	1.0
2500000000	2500.0
8000	0.01
253610	0.25

小数点后的占位符为"0#"，数据将至少显示1位小数，最多显示两位小数，对超过两位的数将自动进行四舍五入

图 5-97 让数字以百万为单位显示

5.7.19 用TEXT函数处理时间和日期

TEXT函数还经常与日期与时间函数配合使用，解决日期与时间有关的计算问题，部分常见的用法如表 5-5所示。

表 5-5 用TEXT函数处理日期

数据	格式代码	公式结果	公式说明
2013/8/31 19:03:26	[DBNum2]yyyy年m月d日	贰零壹叁年捌月叁拾壹日	以中文大写数字的年月日形式显示日期
2013/8/31 19:03:26	[DBNum1]yyyy年m月d日	二〇一三年八月三十一日	以中文数字的年月日形式显示日期
2013/8/31 19:03:26	今天是yyyy年m月d日	今天是2013年8月31日	以小写的数字日期显示日期，并加文本前缀
2013/8/31 19:03:26	上午/下午 h点m分s秒	下午 7点3分26秒	分上下午显示几时几分几秒
2013/8/31 19:03:26	[DBNum1]上午/下午 h点m分s秒	下午 七点三分二十六秒	加上[DBNum1]可把小写数字变成中文数字
2013/8/31 19:03:26	现在是h点m分s秒	现在是19点3分26秒	加文本前缀的时间
2013/8/31 19:03:26	h:m:s A/P	7:3:26 P	分上下午以英文形式显示时间

在Excel中的实际效果如图 5-98所示。

=TEXT(A2,**B2**) → 公式引用B列的格式代码作为函数第2参数

	A	B	C	D
1	数据	格式代码	公式结果	公式说明
2	2013/8/31 19:03:26	[DBNum2]yyyy年m月d日	贰零壹叁年捌月叁拾壹日	以中文大写数字的年月日形式显示日期
3	2013/8/31 19:03:26	[DBNum1]yyyy年m月d日	二〇一三年八月三十一日	以中文数字的年月日形式显示日期
4	2013/8/31 19:03:26	今天是yyyy年m月d日	今天是2013年8月31日	以小写的数字日期显示日期，并加文本前缀
5	2013/8/31 19:03:26	上午/下午 h点m分s秒	下午 7点3分26秒	分上下午显示几时几分几秒
6	2013/8/31 19:03:26	[DBNum1]上午/下午 h点m分s秒	下午 七点三分二十六秒	加上[DBNum1]可把小写数字变成中文数字
7	2013/8/31 19:03:26	现在是h点m分s秒	现在是19点3分26秒	加文本前缀
8	2013/8/31 19:03:26	h:m:s A/P	7:3:26 P	分上下午以英文形式显示
9				

图 5-98 用TEXT函数处理日期和时间

第8节　文本与数值互换

5.8.1　文本函数与喷漆罐

大家都见过喷漆罐吧？只要对着物体表面轻轻一喷，无论原来是什么颜色，都会变成你想要的颜色，无论是金属、砖土、塑料、木头都可以照喷无误。

最终的成品是否红色，取决于你是否选择红色的漆，与你喷的对象是金属还是木头没有关系。

从这个角度来看，Excel的文本函数和喷漆罐非常相似。

第一，文本函数并非只能处理文本型的数据。很多文本函数都可以像处理文本一样，处理数值和日期，可谓来者不拒。还记得我们讲过的金额分列的例子吗？在那个例子里，我们的处理对象跟文本可没有半毛钱的关系。

第二，使用文本函数的过程中有一个很重要的潜规则：无论文本函数处理的对象是什么数据类型，处理完了以后，都会变成文本型。

5.8.2　将数值转为文本

● 使用文本函数进行转换

正因为文本函数返回的结果都是文本，所以要将数值转为文本，可以借助文本函数转换，如图 5-99所示。

=TEXT(A3,"@")

B2 fx =TEXT(A2,"@")

	A	B	C	D	E	F
1	数值型数字	转换结果		A列求和	150	=SUM(A2:A6)
2	10	10		B列求和	0	=SUM(B2:B6)
3	20	20				
4	30	30				
5	40	40				
6	50	50				
7						

图 5-99　使用TEXT函数将数值转为文本

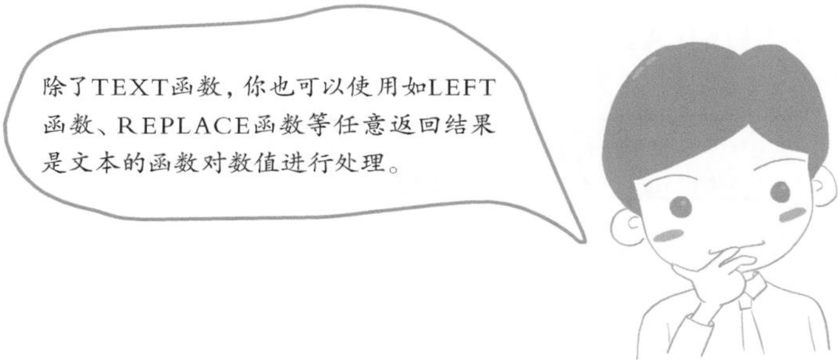

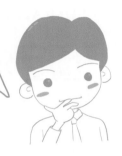

除了TEXT函数，你也可以使用如LEFT函数、REPLACE函数等任意返回结果是文本的函数对数值进行处理。

让数据连接上一个长度为0的字符串

当使用文本运算符"&"将两个数据合并后，一定返回文本字符串。因此，让数值连接上一个不改变其外观的字符串，可将其转换为文本类型，如图 5-100所示。

=A2&"" → 双引号间没有任何字符，它是一个长度为0的字符串

B2 fx =A2&""

	A	B	C
1	数值型数字	转换结果	
2	10	10	
3	20	20	
4	30	30	
5	40	40	
6	50	50	
7			

图 5-100　使用文本运算符&将数值转为文本

除了使用公式进行转换，还可以使用分列等其他操作将数值转为文本。但正像喷漆无需选择对象一样，很多时候我们都可以直接让数值参与各种文本运算，对其进行查找、替换等操作，所以虽然我们有多种方式可以将数值转为文本，但真正需要进行这种转换的时候并不多。

这里我们不再过多探讨转数值为文本的方法。

5.8.3　不要以为所有的数字都能求和

可以将数值当成文本一样，对其进行查找、替换等运算，但反过来，并不能将所有文本像处理数值一样进行求和、求平均值等运算。

你也许会对如图 5-101所示的公式感到奇怪。

$$=SUM(A2:A6)$$

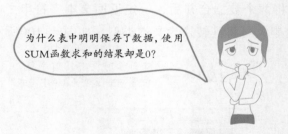

图 5-101　求和结果为0的公式

> 为什么表中明明保存了数据，使用 SUM函数求和的结果却是0？

产生这样的疑问，是因为我们错误地以为看到的数字就是能求和的数值，而事实上，Excel却不认可你的这种想法。在Excel的世界里，数字与数值是两码事，只有数值才能进行数学运算。

真正的数值必须满足两个条件：一是由纯数字组成；二是保存为数值格式。

正如一块被喷上金属颜色漆的木头一样，虽然它具有金属一样的外观，但却改变不了它是木头的事实。虽然文本类型的数字拥有与数值一样的外观，但它本质上还是文本字符串。Excel会像对待普通汉字或字母那样对待它。汉字不能使用SUM函数求和，文本格式的数字当然也不能。

5.8.4　火眼金睛，辨别文本数字与数值

● 通过数据的对齐样式辨别数据类型

在Excel中，默认情况下，输入的文本将以左对齐显示，数值以右对齐显示，如果你没有更改过单元格的对齐样式，可以根据单元格中数据的对齐样式来判断数据的类型，如图 5-102所示。

A4单元格中的数据左对齐，所以是文本格式

图 5-102　根据单元格对齐样式辨别数据类型

● 直接查看数据的存储格式

如果从对齐样式上无法区分，还可以选中单元格，直接在功能区中查看数据的存储格式，如图 5-103所示。

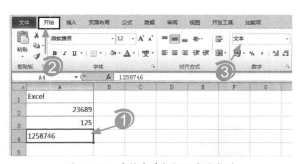

图 5-103　直接查看数据保存的类型

但这也不是万能的方法。

因为在输入数字时，如果先输入英文半角单引号，再输入数字，那这些数字将被强制保存为文本。尽管你将这些单元格设置为数值格式，也不能改变其中保存的数据类型，如图 5-104所示。

在【编辑栏】中可以看到数字前面的单引号，但这个单引号并不会
显示在单元格中。所有前面有单引号的数据都被保存为文本格式

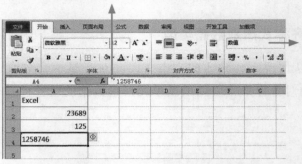

单元格中的数字被保存
为文本格式，但这里却
显示为数值格式

图 5-104　保存类型与单元格格式类型不符的数据

使用错误检查器进行分辨

如果你允许Excel进行后台错误检查（默认为允许），并设置了相应的检查规则，Excel会在文本数字所在的单元格左上角，标上一个绿色的小三角形，如图 5-105所示。

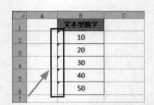

图 5-105　使用错误检查器分辨数据类型

如果Excel未开启错误检查，可以用如图 5-106所示的方法开启。

没有一种辨别方法是万能的，那我应该
选择哪种方法去辨别文本和数值?

数据究竟是什么格式，需要结合数据的特点，根据实际情况，选择一种或多种辨别方法，对数据进行认真分析和辨别。

图 5-106　开启错误检查

5.8.5　将文本数字转为数值

很多时候，可以将数值当成文本，直接使用文本函数对其进行查找、替换等处理。但反过来，却不能直接将文本当成数值，使用SUM、AVERAGE等函数对其进行数学运算。

如果要让某个文本类型的数字参与算术运算，应先将其转为数值类型。

使用VALUE函数进行转换

VALUE函数可以将指定的文本数字转为的数值，如图 5-107所示。

=VALUE(A2)

	A	B		D	E	F
	文本型数字	VALUE转换结果		A列求和	0	=SUM(A2:A6)
2	10	10		B列求和	150	=SUM(B2:B6)
3	20	20				
4	30	30				
5	40	40				
6	50	50				

VALUE函数返回的结果可以使用SUM函数求和，证明已被转为数值型

图 5-107　使用VALUE函数将文本数字转为数值

使用算术运算进行转换

文本类型的数字，可以直接使用+、-、*、/等运算符对其进行算术运算，如图 5-108 所示。

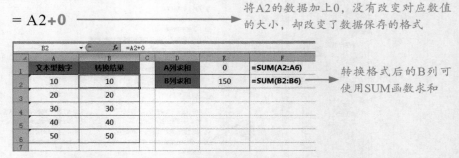

图 5-108　使用算术运算符转换数据类型

同样的思路，还可以通过减0、乘以或除以1、求数字的1次方等方式来转换数据格式。

在实际使用的过程中，很多Excel用户还习惯使用"减负"的方式进行转换，即在需要转换的数值前加上两个负号，如图 5-109所示。

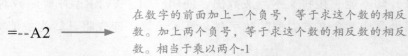

图 5-109　使用减负运算符转换数据类型

这种解决办法，用了运算返回结果一定是数值的原理，将文本数字加（或减、乘以、除以）一个不改变自身大小的数，这个计算过程返回的结果本身并不改变对应数值的大小，但却改变了数据的类型，实现文本转数值的目的。

你可以借助这个思路，选择使用你喜欢的方法。

使用选择性粘贴进行转换

如果你想在数据保存的原区域转换数据的格式，可以使用选择性粘贴，方法如图5-110所示。

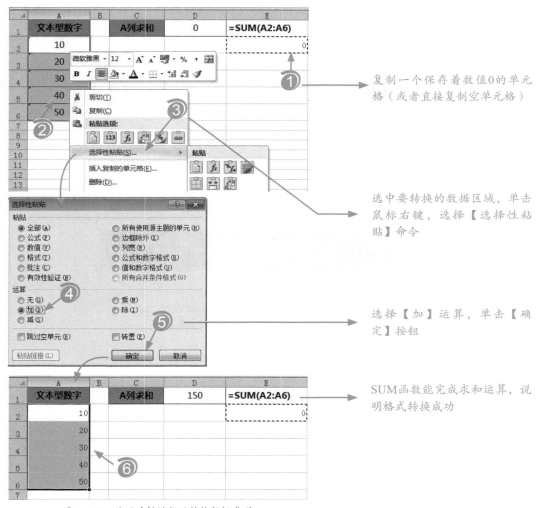

复制一个保存着数值0的单元格（或者直接复制空单元格）

选中要转换的数据区域，单击鼠标右键，选择【选择性粘贴】命令

选择【加】运算，单击【确定】按钮

SUM函数能完成求和运算，说明格式转换成功

图 5-110　使用选择性粘贴转换数据类型

使用选择性粘贴，也是通过让数据参与算术运算进行转换，你可以选择复制一个合适的单元格，选择其他，如减、乘、除等运算完成格式转换。

使用【分列】转换整列数据的格式

当你需要对整列数据转换格式时，可以选中该列数据，选择【数据】→【分列】命令，按提示在【文本分列向导】对话框的第3步中选择数据格式，单击【完成】按钮实现转换。如图5-111所示。

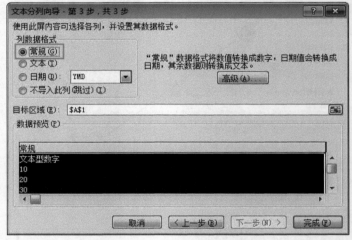

图 5-111　使用分列转换数据类型

第6章 用函数实现高效查找

每学期期末，学校都要给学生发成绩通知单，由于全校学生成绩都保存在一张表格中，班主任只能根据本班学生的学籍号从中查找成绩，然后填写到该学生的通知单里面。

每年，我都会看到一群守在电脑前疯狂打开【查找】对话框忙碌的身影。

在费尽心思教过他们很多次简单的解决办法却没有改变这一现象后，我最终也见怪不怪了。

我一直感到奇怪，为什么有人宁愿花一个小时的时间去查找、复制、粘贴，也不愿静下心，花十分钟学一个可以完成查找任务的公式，换来一劳永逸。

要相信，不是所有问题都必须通过手动查找来完成。

如果是你，你愿意选择这样一直【查找】下去，还是花十分钟时间换来永久的轻松？如果你选择后者，那就一起开始这一章的学习，待学完后，看这个问题有多少种简单的解决办法。

第1节 使用VLOOKUP查询符合条件的数据

6.1.1 用“聪明”的方式完善成绩表

我和我的同事们经常做一件相同的事情，将多表中同一学生不同学科的成绩汇总到一起，如图 6-1所示。

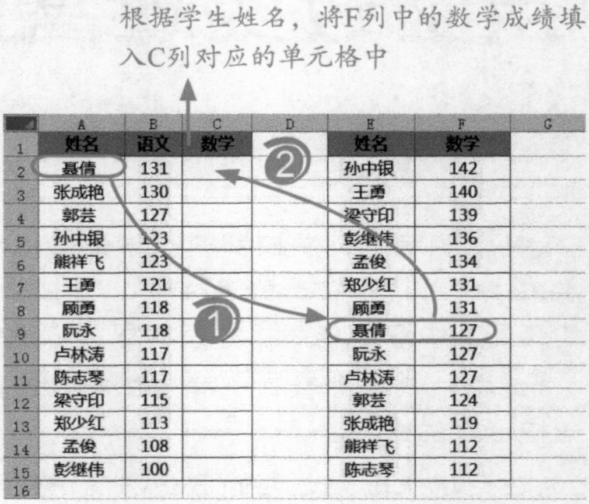
根据学生姓名，将F列中的数学成绩填入C列对应的单元格中
①
②

	A	B	C	D	E	F	G
1	姓名	语文	数学		姓名	数学	
2	聂倩	131			孙中银	142	
3	张成艳	130			王勇	140	
4	郭芸	127			梁守印	139	
5	孙中银	123			彭继伟	136	
6	熊祥飞	123			孟俊	134	
7	王勇	121			郑少红	131	
8	顾勇	118			顾勇	131	
9	阮永	118			聂倩	127	
10	卢林涛	117			阮永	127	
11	陈志琴	117			卢林涛	127	
12	梁守印	115			郭芸	124	
13	郑少红	113			张成艳	119	
14	孟俊	108			熊祥飞	112	
15	彭继伟	100			陈志琴	112	
16							

图 6-1　合并多张表中的学生成绩

在不同的成绩表中，学生姓名的顺序不完全相同，一些聪明但不熟悉Excel的同事，往往是将两张表复制到一起，分别将其按姓名排序，再对照两张表中姓名的顺序，使用复制、粘贴或手动录入的方式完成。如图 6-2所示。

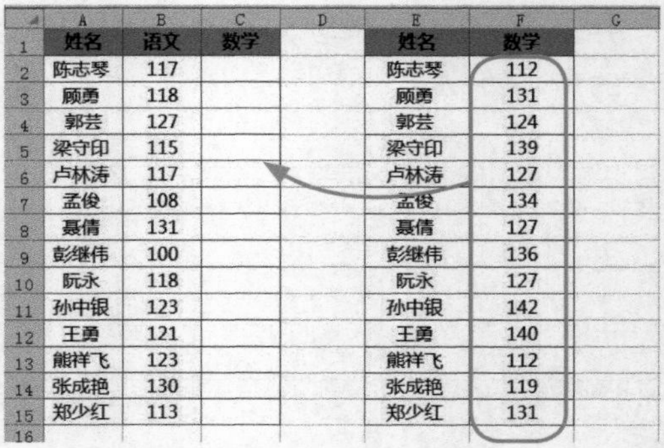

	A	B	C	D	E	F	G
1	姓名	语文	数学		姓名	数学	
2	陈志琴	117			陈志琴	112	
3	顾勇	118			顾勇	131	
4	郭芸	127			郭芸	124	
5	梁守印	115			梁守印	139	
6	卢林涛	117			卢林涛	127	
7	孟俊	108			孟俊	134	
8	聂倩	131			聂倩	127	
9	彭继伟	100			彭继伟	136	
10	阮永	118			阮永	127	
11	孙中银	123			孙中银	142	
12	王勇	121			王勇	140	
13	熊祥飞	123			熊祥飞	112	
14	张成艳	130			张成艳	119	
15	郑少红	113			郑少红	131	
16							

图 6-2　借助排序合并成绩

使用排序重新整理表格，给查找和录入数据带来了很多方便。但如果学生的姓名及人数不完全一致，排序后就会形成错位，使用这种方式解决问题并没有多大优势，如图 6-3 所示。

由于人数不等，姓名不完全相同，尽管已将表格按姓名排序，但仍然不便在多表中查询同一姓名的多科成绩

	A 姓名	B 语文	C 数学	D	E 姓名	F 数学	G
1	姓名	语文	数学		姓名	数学	
2	陈志琴	117			顾勇	131	
3	顾勇	118			郭芸	124	
4	郭芸	127			梁守印	139	
5	梁守印	115			卢林涛	127	
6	卢林涛	117			聂倩	127	
7	孟俊	108			彭继伟	136	
8	聂倩	131			孙中银	142	
9	彭继伟	100			王勇	140	
10	阮永	118			张成艳	119	
11	孙中银	123			郑少红	131	
12	王勇	121					
13	熊祥飞	123					
14	张成艳	130					
15	郑少红	113					
16							

图 6-3　数据不完全相同的两张成绩表

两份表格的行数不同，保存的关键信息也不同，排序后的表格并不能为查询和录入数据带来多少帮助。遗憾的是，像这种两表数据不完全相同的情况，恰恰是现实工作中最普遍的。

6.1.2　更方便的VLOOKUP函数

在Excel中，对6.1.1中的查询匹配问题，除了手动完成以外，还有许多更优秀的解决策略。其中使用VLOOKUP函数就是最常用的方式之一，具体的解决方法如图 6-4所示。

=VLOOKUP(A2,$E$2:$F$15,2,FALSE)

C2
=VLOOKUP(A2,$E$2:$F$15,2,FALSE)
1
2

姓名	语文	数学		姓名	数学
聂倩	131	127		孙中银	142
张成艳	130			王勇	140
郭芸	127			梁守印	139
孙中银	123			彭继伟	136
熊祥飞	123			孟俊	134
王勇	121			郑少红	131
顾勇	118			顾勇	131
阮永	118			聂倩	127
卢林涛	117			阮永	127
陈志琴	117			卢林涛	127
梁守印	115			郭芸	124
郑少红	113			张成艳	119
孟俊	108			熊祥飞	112
彭继伟	100			陈志琴	112

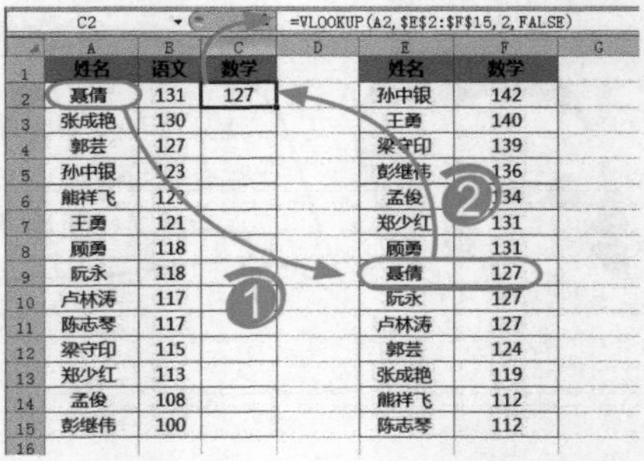

图 6-4 使用VLOOKUP函数根据姓名查询成绩

使用填充功能，将公式复制到同列的其他单元格，即可解决所有的查询任务，如图6-5所示。

C2
=VLOOKUP(A2,$E$2:$F$15,2,FALSE)

姓名	语文	数学		姓名	数学
聂倩	131	127		孙中银	142
张成艳	130	119		王勇	140
郭芸	127	124		梁守印	139
孙中银	123	142		彭继伟	136
熊祥飞	123	112		孟俊	134
王勇	142	140		郑少红	131
顾勇	118	131		顾勇	131
阮永	118	127		聂倩	127
卢林涛	117	127		阮永	127
陈志琴	117	112		卢林涛	127
梁守印	115	139		郭芸	124
郑少红	113	131		张成艳	119
孟俊	108	134		熊祥飞	112
彭继伟	100	136		陈志琴	112

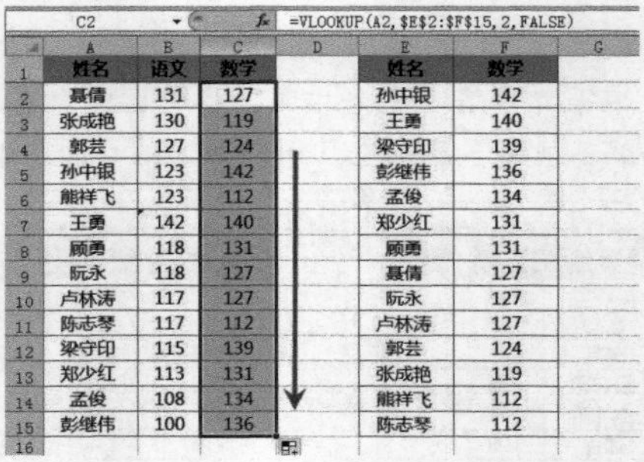

图 6-5 复制公式到其他单元格

6.1.3 VLOOKUP函数的查询规则

不必觉得VLOOKUP函数很神奇，它的工作过程就像查字典一样。查字典，应该是人人都会的轻松事吧，如图 6-6所示。

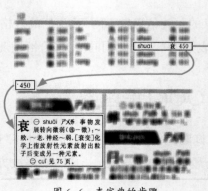

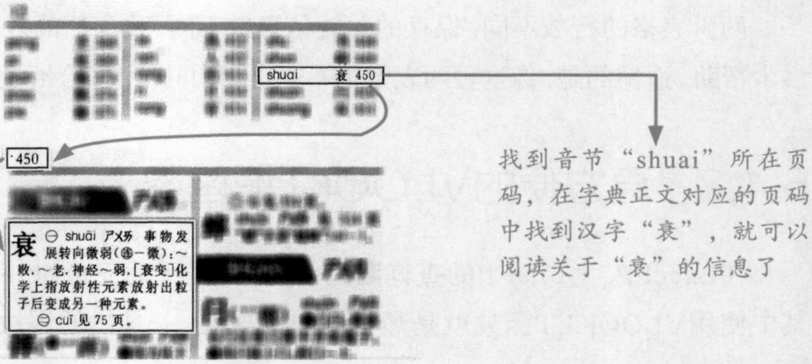

shuai 衰 450
450
衰 ㊀ shuāi ㄕㄨㄞ 事物发展转向微弱(㊂一微):～败,～老,神经～弱,[衰变]化学上指放射性元素放射出粒子后变成另一种元素。
㊁ cuī 见 75 页。
找到音节“shuai”所在页码，在字典正文对应的页码中找到汉字“衰”，就可以阅读关于“衰”的信息了

图 6-6 查字典的步骤

确定要查找的音节→在音节索引首列找到该音节→确定音节所在页码→在正文对应页码中找到对应的汉字，这是音序查字法的主要步骤。

VLOOKUP函数就是一位"查字典"的小助手，公式"=VLOOKUP(A2,$E$2:$F$15,2,FALSE)"在计算时，也经历了"确定查询内容→在数据表首列找到查询内容→确定查询内容所在的位置→返回查找到的信息"等几个步骤。

至于函数要查找什么数据、在哪个区域中查找、查找到后返回什么数据、按什么方式进行查找，都是通过VLOOKUP函数的4个参数来设置。不同参数的具体用途如图 6-7所示。

第1参数就像查字典时要查找的音节，用来指定需要查询的数据

第4参数指定函数的查找方式，可以设置为逻辑值TRUE或FALSE。参数可以省略，如果省略或设置为TRUE，函数将按模糊匹配的方式查找，否则按精确匹配的方式查找

=VLOOKUP(A2,$E$2:$F$15,2,FALSE)

第2参数就像字典中的音节索引表，告诉VLOOKUP函数应该在哪里查找第1参数的数据。**第2参数必须包含查找值和返回值，且第1列必须是查找值，如该例中的姓名**

第3参数就像字典音节索引中的页码，用来指定返回信息所在的位置。当在第2参数的首列找到查找值后，返回第2参数中**对应列**中的数据。学生的成绩是$E$2:$F$15中的**第2列**，所以公式中将该参数设为**2**

2	孙中银	142
3	王勇	140
4	梁守印	139
5	彭继伟	136
6	孟俊	134
7	郑少红	131
8	顾勇	131
9	聂倩	127
10	阮永	127
11	卢林涛	127
12	郭芸	124
13	张成艳	119
14	熊祥飞	112
15	陈志琴	112

图 6-7 VLOOKUP函数的参数介绍

6.1.4 使用精确匹配补全工作表信息

如果将VLOOKUP函数的第4参数设置为FALSE，函数将按精确匹配的方式进行查找。此时，只有当查找区域中存在与查找值完全相同的数据，函数才返回查询结果，否则返回错误值"#N/A"。

正如查字典时，如果你的字典中没有"咗"字，当在这本字典中查找"咗"字时，一定找不到关于"咗"字的任何信息。

使用精确匹配的查找方式，可以很方便地根据某个关键字段，将多个表中的信息合并在同一个表中，如图 6-8所示。

为防止向下填充公式时，第2参数的查找区域发生改变，所以第2参数的单元格区域使用绝对引用样式

=VLOOKUP(A4,**$E$2:$F$15**,2,FALSE)

C4 =VLOOKUP(A4,$E$2:$F$15,2,FALSE)

	A	B	C	D	E	F	G
1	姓名	语文	数学		姓名	数学	
2	聂倩	131	127		孙中银	142	
3	张成艳	130	119		王勇	140	
4	林芳	127	#N/A		梁守印	139	
5	孙中银	123	142		彭继伟	136	
6	熊祥飞	123	112		孟俊	134	
7	王勇	121	140		郑少红	131	
8	顾勇	118	131		顾勇	131	
9	阮永	118	127		聂倩	127	
10	卢林涛	117	127		阮永	127	
11	陈志琴	117	112		卢林涛	127	
12	梁守印	115	139		郭芸	124	
13	郑少红	113	131		张成艳	119	
14	孟俊	108	134		熊祥飞	112	
15	彭继伟	100	136		陈志琴	112	
16							

$E$2:$F$15的第1列中没有"林芳"，所以返回#N/A错误

图 6-8　使用VLOOKUP函数精确补全工作表

提示

使用VLOOKUP函数在表格中查询信息，其实是在表格的某一列，即表格的关键字段中进行查找。所谓关键字段，指的是在需要进行比较、查询的多张表格中都存在的字段，这些字段可以作为比较和查询的依据，将不同的的表格"关联"起来。图6-8所示的两份表格中，"姓名"显然就是这样的关键字段。

除了FALSE，将VLOOKUP函数的第4参数设置为0，或者将参数设置为缺省参数，函数都会按精确匹配的方式进行查找。

=VLOOKUP(A2,$E$2:$F$15,2,0)

或者直接将参数设为缺省参数：

=VLOOKUP(A2,$E$2:$F$15,2,)

设置第4参数为缺省参数，就是空出第4参数的位置，不在该位置上设置任何数据

提示

缺省参数只是在该参数的位置不写任何内容，但该参数的位置应空出来，即括号中应有3个用于分隔参数的逗号。如果不写最后一个逗号，即省略了第4参数，公式将按模糊匹配的方式查找。

6.1.5 使用模糊匹配为成绩评定等次

如果你的字典中没有“咗”字，当在这本字典中查找“咗”字时，字典会给你一个接近于它的字，如“座”字的信息，这就是模糊匹配的查找方式。

所以，你应该知道模糊匹配和精确匹配的区别了，二者的区别在于是否允许函数返回与查找值近似的结果。

如果使用模糊匹配的方式查找，函数将把等于或接近查找值的数据作为自己的查询结果。因此，就算查找数据中没有与查找值完全相同的数据，函数也能返回查询结果。

使用模糊匹配方式查找的VLOOKUP函数，在很多问题情境中可以代替IF函数解决条件判断问题，如图 6-9所示即为一例。

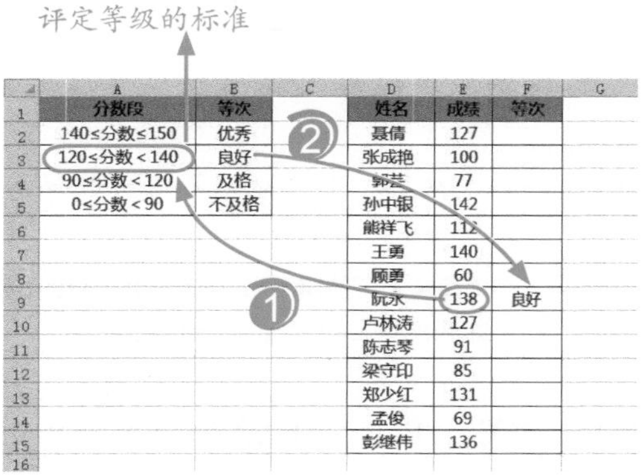

	A	B	C	D	E	F	G
1	分数段	等次		姓名	成绩	等次	
2	140≤分数≤150	优秀		聂倩	127		
3	120≤分数<140	良好		张成艳	100		
4	90≤分数<120	及格		郭芸	77		
5	0≤分数<90	不及格		孙中银	142		
6				能祥飞	112		
7				王勇	140		
8				顾勇	60		
9				阮永	138	良好	
10				卢林涛	127		
11				陈志琴	91		
12				梁守印	85		
13				郑少红	131		
14				孟俊	69		
15				彭继伟	136		
16							

图 6-9 根据学生成绩为其评定等次

解决这个问题，如果使用IF函数，会在公式中使用多层嵌套，执行多次判断。

```
=IF(AND(E2>=0,E2<90),"不及格",IF(AND(E2>=90,E2<120),"及格",
  IF(AND(E2>=120,E2<140),"良好",IF(E2>=140,"优秀"))))
```

效果如图 6-10所示。

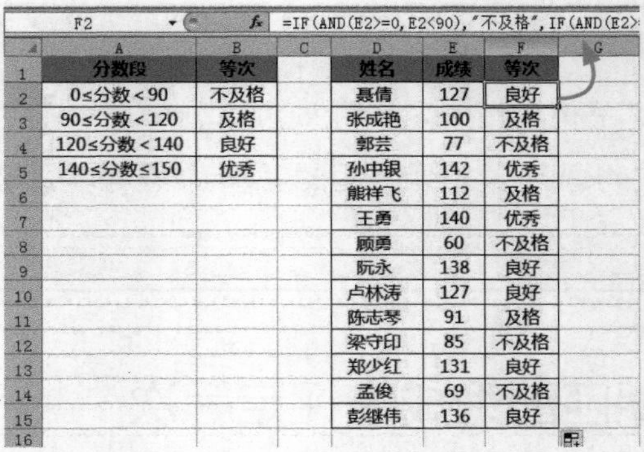

F2 =IF(AND(E2>=0,E2<90),"不及格",IF(AND(E2>

分数段	等次		姓名	成绩	等次
0≤分数＜90	不及格		聂倩	127	良好
90≤分数＜120	及格		张成艳	100	及格
120≤分数＜140	良好		郭芸	77	不及格
140≤分数≤150	优秀		孙中银	142	优秀
			熊祥飞	112	及格
			王勇	140	优秀
			顾勇	60	不及格
			阮永	138	良好
			卢林涛	127	良好
			陈志琴	91	及格
			梁守印	85	不及格
			郑少红	131	良好
			孟俊	69	不及格
			彭继伟	136	良好

图 6-10　使用IF函数为成绩评定等次

你一定也发现了，当要判断的条件过多，会为理解、阅读、编写公式带来许多不便。但如果使用模糊匹配的VLOOKUP函数来解决，相对而言就会简单许多。

Step 1：在评分标准的“等次”列前插入一列，录入各等次对应分段的最低分，如图6-11所示。

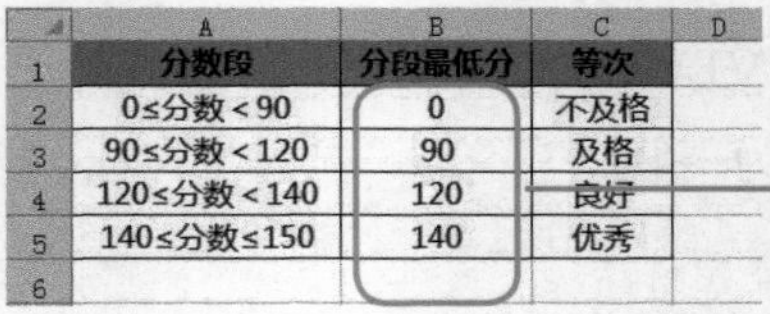

分数段	分段最低分	等次
0≤分数＜90	0	不及格
90≤分数＜120	90	及格
120≤分数＜140	120	良好
140≤分数≤150	140	优秀

在辅助列中录入各分段的最低分，并将表格按录入分数的升序进行排序

图 6-11　添加辅助列

Step 2：在成绩表等次列（G2单元格）中输入查询公式公式，如图 6-12所示。

公式省略了第4参数，VLOOKUP函数使用模糊匹配的方式进行查找

=VLOOKUP(F2,$B$2:$C$5,2)

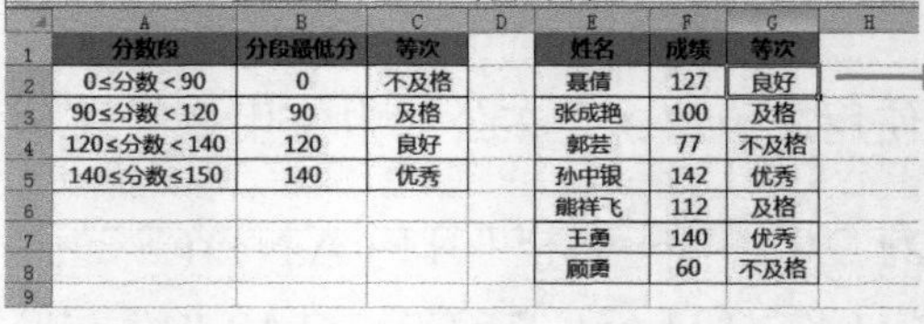

G2 =VLOOKUP(F2,$B$2:$C$5,2)

分数段	分段最低分	等次		姓名	成绩	等次
0≤分数＜90	0	不及格		聂倩	127	良好
90≤分数＜120	90	及格		张成艳	100	及格
120≤分数＜140	120	良好		郭芸	77	不及格
140≤分数≤150	140	优秀		孙中银	142	优秀
				熊祥飞	112	及格
				王勇	140	优秀
				顾勇	60	不及格

$B$2:$C$5的首列中没有127，VLOOKUP将120作为自己查找到的结果，并返回与之对应的等次“良好”

图 6-12　录入公式

将VLOOKUP函数的第4参数为逻辑值TRUE、任意非0的数值或省略它，函数都将使用模糊匹配的方式进行查找，如图 6-13所示的3个公式都是等效的。

① 设置第4参数为TRUE

	A	B	C	D	E	F	G	H
G2			=VLOOKUP(F2, \$B\$2:\$C\$5, 2, TRUE)					
1	分数段	分段最低分	等次		姓名	成绩	等次	
2	0≤分数<90	0	不及格		慕倩	127	良好	
3	90≤分数<120	90	及格					
4	120≤分数<140	120	良好					
5	140≤分数≤150	140	优秀					

② 设置第4参数为非0数值1

	A	B	C	D	E	F	G	H
G2			=VLOOKUP(F2, \$B\$2:\$C\$5, 2, 1)					
1	分数段	分段最低分	等次		姓名	成绩	等次	
2	0≤分数<90	0	不及格		慕倩	127	良好	
3	90≤分数<120	90	及格					
4	120≤分数<140	120	良好					
5	140≤分数≤150	140	优秀					

在Excel的世界里，0被当为逻辑值FALSE，任意非0的数值都被当成逻辑值TRUE

③ 省略第4参数，并且不空出第4参数的位置

	A	B	C	D	E	F	G	H
G2			=VLOOKUP(F2, \$B\$2:\$C\$5, 2)					
1	分数段	分段最低分	等次		姓名	成绩	等次	
2	0≤分数<90	0	不及格		慕倩	127	良好	
3	90≤分数<120	90	及格					
4	120≤分数<140	120	良好					
5	140≤分数≤150	140	优秀					

省略第4参数时，不空出参数的位置，括号中只有两个分隔参数的逗号

图 6-13　等效的3个公式

查找的分数是127，为什么公式匹配的是120，而不是其他的数？有什么规则吗？

如果按模糊匹配的方式查找， VLOOKUP将把小于或等于查找值的最大值作为自己的查询结果。在此例中，查找的分数是127，而在查找数据（0，90，120，140）中，小于或等于127的数据有0、9、120三个，其中的最大值为120，所以函数将120作为自己的查询结果。如图 6-14所示。

120对应的等次是"良好"，所以公式返回"良好"等次

	A	B	C	D	E	F	G	H
G2			=VLOOKUP(F2, \$B\$2:\$C\$5, 2)					
1	分数段	分段最低分	等次		姓名	成绩	等次	
2	0≤分数<90	0	不及格		梁守印	135	良好	
3	90≤分数<120	90	及格					
4	120≤分数<140	120	良好					
5	140≤分数≤150	140	优秀					

在数据表首列中，小于或等于135的最大值是120，所以函数将120视为自己查找到的结果

图 6-14　公式的查找方式

按模糊匹配的方式查找，必须将第2参数的数据表，按首列数据进行升序排序，否则不一定返回正确的结果，如图 6-15所示。

VLOOKUP将查找值98同B列的数据逐个进行比较，当比较到120时，因为120>98，VLOOKUP认为120之后的数据均比98大，不再继续比较，而在所有比较过的值中，小于或等于98的最大值是0，因此公式返回其对应的等次"不及格"

事实上，小于或等于98的最大值应该是90，但公式并没有返回其对应的"及格"

图 6-15　在未排序的数据表中查找

6.1.6　让函数返回同一查询结果的多列数据

查字典时，当在字典中找到某个字后，就可以从中获取该字的读音、字义、词性等多个信息。

一张表格就像一本字典，有时你会像查字一样，查询某条记录中的多个信息，如图6-16所示。

在数据表中查询指定姓名的记录，并返回该记录中的**姓名、成绩、等次**等信息

图 6-16　查询同一记录的多个信息

查找值、数据区域及查找方式不变，只是返回数据的位置不同，如果为VOOKUP函数设置一个可变的第3参数，问题就能解决了，方法如图 6-17所示。

$E2是查找值，在列方向上使用绝对引用，防止横向填充公式时，引用的单元格发生改变

$A:$C是数据区域，使用绝对引用，防止横向填充公式时引用的区域发生改变

COLUMN(A:A)返回A列的列号1，其中的参数A:A表示A列，使用相对引用，当公式向右填充时，引用随之更改为B:B、C:C……从而得到一个依次递增数字

=VLOOKUP($E2,$A:$C,COLUMN(A:A),FALSE)

图 6-17 为VLOOKUP函数设置可变的第3参数

在F2写入公式，并使用填充功能将公式复制到右侧其他单元格中。在复制得到的公式中，VLOOKUP函数的1、2参数均不会改变，但由于第3参数是COLUMN函数的返回结果，是一个变量，所以不同单元格中的VLOOKUP函数返回结果并不相同。

将VLOOKUP的第3参数设置为一个由公式生成的变量，是解决这一问题的思路。

6.1.7　在第1参数中使用通配符进行模糊查找

VLOOKUP函数支持使用通配符*和?，其中*代表任意个数的任意字符，?代表任意的单个字符。

这两个通配符，在4.2.9小节中我们已经介绍过了。如果你忘记了，可以回头去看看。

正因为通配符可以代替任意字符，所以在不确定要查找的内容时，借助通配符定义查询内容会方便很多，如图 6-18、图 6-19所示。

E2的内容是“张”，将“张”与“*”连接成 “张*”，
“张*”代表以“张”开头的任意字符串
=VLOOKUP($E2&"*",$A:$C,COLUMN(A:A),FALSE)
F2
=VLOOKUP($E2&"*",$A:$C,COLUMN(A:A),FALSE)
姓名 成绩 等次
聂倩 127 及格
张成艳 100 不及格
郭芸 77 不及格
孙忠银 142 优秀
熊祥飞 112 不及格
王勇 140 优秀
顾勇 60 不及格
阮永 138 及格
卢林涛 127 及格
陈志琴 91 不及格
梁守印 85 不及格
郑少红 131 及格
孟俊 69 不及格
彭继伟 136 及格
查找值 姓名 成绩 等次
张 张成艳 100 不及格
在数据表首列中，第一个以“张”开头的姓名是“张成艳”，所以公式返回与之匹配的信息

图 6-18　借助通配符定义查询内容

$E2&"??"返回“王??”，代表以
“王”开头的任意3个字符串
=VLOOKUP($E2&"??",$A:$C,COLUMN(A:A),FALSE)
F2
=VLOOKUP($E2&"??",$A:$C,COLUMN(A:A),FALSE)
姓名 成绩 等次
聂倩 127 及格
张成艳 100 不及格
王芸 77 不及格
孙忠银 142 优秀
熊祥飞 112 不及格
王小勇 140 优秀
顾勇 60 不及格
阮永 138 及格
卢林涛 127 及格
陈志琴 91 不及格
梁守印 85 不及格
郑少红 131 及格
孟俊 69 不及格
彭继伟 136 及格
查找值 姓名 成绩 等次
王 王小勇 140 优秀
“王芸”以“王”开头，但只有两个字符，所以函数找到的不是它

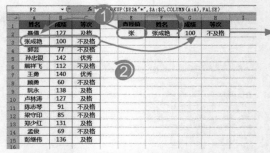

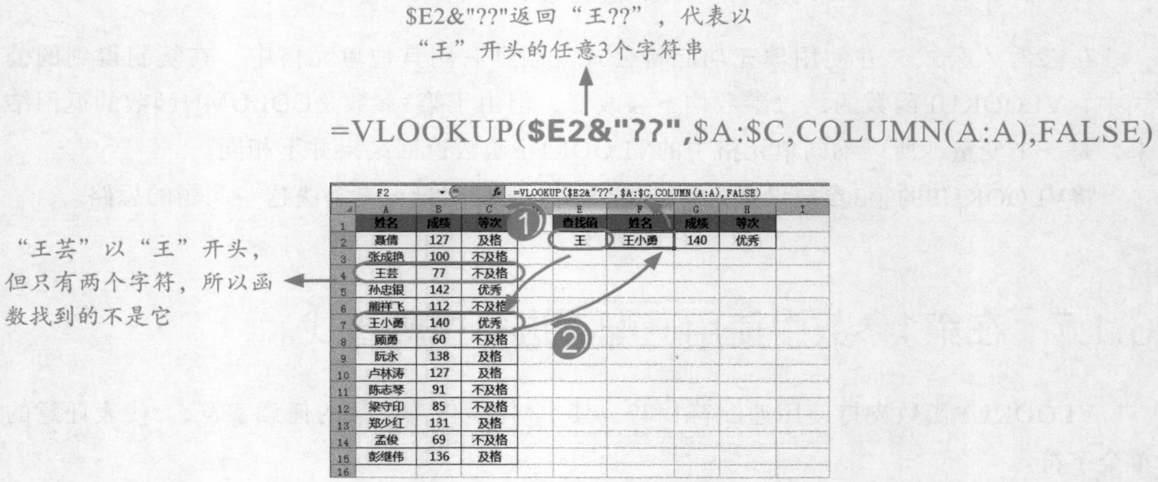

图 6-19　借助通配符定义查询内容

结合要查询数据的特点，可以将通配符设置在第1参数中的任意字符位置，来定义查询的数据条件，快去试一试吧。

6.1.8　让函数返回符合条件的多条记录

你一定发现了，如果查询表中符合条件的记录有多条，使用VLOOKUP函数查询时，只会返回第1条记录，如图 6-20所示。

$E2&"*"返回"王*"，代表以
"王"开头的任意字符串

=VLOOKUP(**$E2&"*"**,$A:$C,COLUMN(A:A),FALSE)

数据表中姓"王"的记录有两条，但所有行中的公式都只返回第1条姓王的记录信息

图 6-20　查找所有姓"王"的记录信息

公式只返回第1条匹配的记录，可是我希望公式能将所有符合条件的记录全部列出来，应该怎么办？

既然VLOOKUP函数只返回第1条符合条件的记录，那可以借助辅助列，在辅助列中为每条记录添加一个唯一的、用于区分不同记录的字符。解决的步骤如下。

Step 1：在数据表前添加辅助列，并在辅助列中录入公式：

=COUNTIF(B$2:B2,$F$2&"*")

详情如图 6-21所示。

=COUNTIF(**B$2:B2,$F$2&"*"**)

	A	B	C	D	E	F	G	H	I
1	辅助列	姓名	成绩	等次		查找值	姓名	成绩	等次
2	0	聂倩	127	及格		王			
3	0	张成艳	100	不及格					
4	1	王芸	77	不及格					
5	1	孙忠银	142	优秀					
6	1	熊祥飞	112	不及格					
7	2	王小勇	140	优秀					
8	2	顾勇	60	不及格					
9	2	阮永	138	及格					
10	2	卢林涛	127	及格					
11	2	陈志琴	91	不及格					
12	2	梁守印	85	不及格					
13	2	郑少红	131	及格					
14	2	孟俊	69	不及格					
15	2	彭继伟	136	及格					

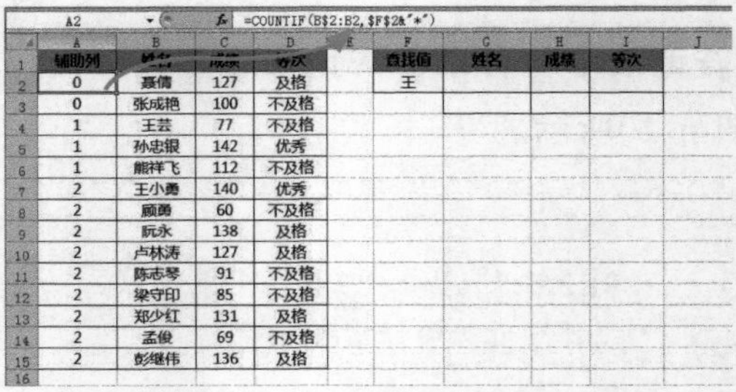

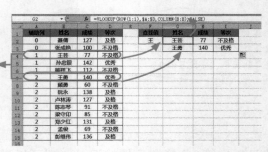

公式统计B$2:B2中，第一个字符是“王”的单元格个数。第1参数使用混合引用，当向下填充公式时，其引用区域会逐行递增，COUNTIF函数返回的结果也会发生改变

图 6-21　在数据表前添加辅助列

Step 2：在G2单元格输入公式：

=VLOOKUP(ROW(1:1),$A:$D,COLUMN(B:B),FALSE)

向下、向右填充公式即可完成这个查询任务，如图 6-22所示。

查找值是ROW函数的返回结果。ROW(1:1)返回第1行的行号1，当向下填充公式时，会随之变为ROW(2:2)、ROW(3:3)……

将COLUMN函数返回结果设置为函数的第3参数，可让VLOOKUP函数返回符合条件的多列数据

=VLOOKUP(**ROW(1:1),$A:$D,COLUMN(B:B)**,FALSE)

	A	B	C	D	E	F	G	H	I
1	辅助列	姓名	成绩	等次		查找值	姓名	成绩	等次
2	0	聂倩	127	及格		王	王芸	77	不及格
3	0	张成艳	100	不及格			王勇	140	优秀
4	1	王芸	77	不及格					
5	1	孙忠银	142	优秀					
6	1	熊祥飞	112	不及格					
7	2	王勇	140	优秀					
8	2	顾勇	60	不及格					
9	2	阮永	138	及格					
10	2	卢林涛	127	及格					
11	2	陈志琴	91	不及格					
12	2	梁守印	85	不及格					
13	2	郑少红	131	及格					
14	2	孟俊	69	不及格					
15	2	彭继伟	136	及格					

使用COUNTIF函数统计以“王”开头的姓名个数，每个第一次出现，且大于0的数字所在的记录，就是要查询的记录

图 6-22　让公式返回符合条件的多条记录

6.1.9　根据多个条件查询数据

有时当我们在查询某个数据时，查询的条件并不只有一个，并且这些条件保存在数据表的不同列中，如图 6-23所示即为一例。

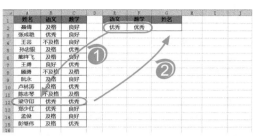

图 6-23 查询语文和数学都为优秀的学生姓名

因为只能替VLOOKUP函数设置一个查询数据——第1参数，所以对保存在多列中的多个查询数据，应先对其进行处理，将多个查询条件合并为一个查询条件，具体步骤如下。

Step 1： 在数据区域的首列前插入辅助列，并录入公式"=C2&D2"，如图 6-24 所示。

使用公式=C2&D2将C、D列的成绩等次合并成一个字符串，放在成绩表首列前的辅助列中，作为查询条件

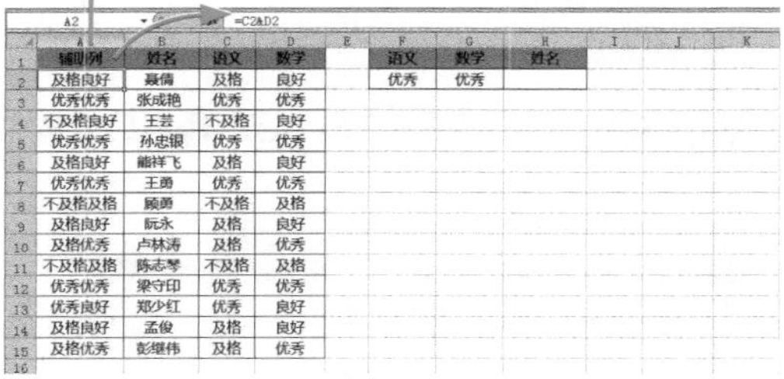

图 6-24 使用公式合并多个查询条件

Step 2： 在H2中写入查询公式，如图 6-25所示。

$F$2&$G$2返回"**优秀优秀**"，VLOOKUP函数将其作为查询的数据，并在数据表前的辅助列中查找它

$$=VLOOKUP(\$F\$2\&\$G\$2,\$A:\$D,2,FALSE)$$

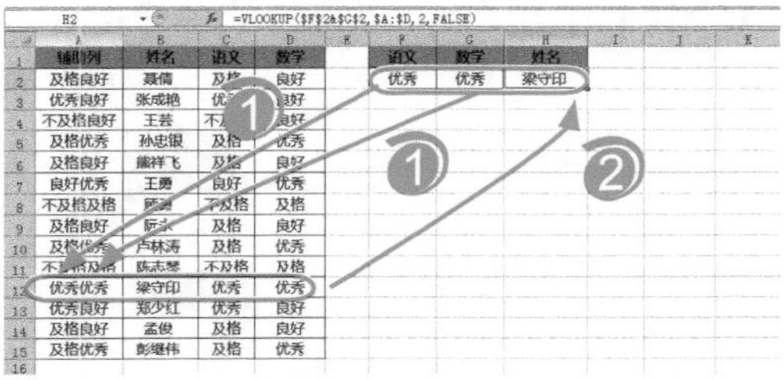

图 6-25 查询语文和数学都为优秀的学生姓名

当然，并非任何时候使用直接合并条件的方式都能解决多条件查询的问题，如图6-26所示，根据语文、数学成绩查询学生姓名的公式，返回的就是错误的查询结果。

=VLOOKUP(**$F$2&$G$2**,$A:$D,2,FALSE)

不同的条件，直接合并后
也许会得到相同的结果，
导致查询结果错误

图 6-26 根据语文和数学成绩查询学生姓名

要避免出现这一类型的错误，合并多个条件时，可以在各条件间加上一个特殊的字符，以作区分，如图 6-27所示。

查询的多个条件间也应加上字符"@"

=VLOOKUP(**$F$2&"@"&$G$2**,$A:$D,2,FALSE)

合并时，使用公式
"=C2&"@"&D2"
在两个条件中间加上
"@"，这样不完全相
同的多个条件合并后就
不会相同了

图 6-27 在合并的多个条件间插入特殊字符

6.1.10 处理VLOOKUP函数的查询错误

公式没有问题，数据表中也存在
要查询的数据，可为什么公式返
回错误呢？

为什么公式会返回错误

在使用VLOOKUP函数时，也许你也遇到过这样的问题：明明要查找的数据就在表格中，可VLOOKUP函数就是查找不到，如图 6-28所示。

=VLOOKUP($E2,$A$1:$C$6,COLUMN(B:B),FALSE)

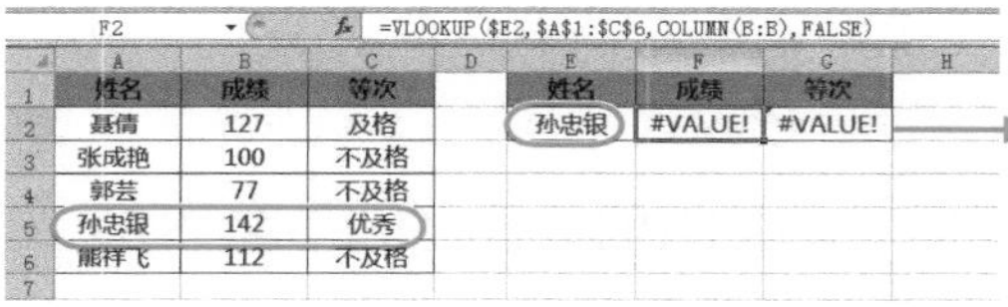

查找值"**孙忠银**"明明在数据表的首列中，可公式为什么查找不到，返回错误呢？

图 6-28　找不到匹配值的公式

导致VLOOKUP函数出错的原因很多，下面我们就来介绍怎样解决VLOOKUP函数在使用过程中出现的查询错误。

检查数据中是否包含空格或不可见字符

很多时候，你认为完全相同的两个数据，其实并不一样。在图 6-28的公式中，VLOOKUP函数不能完成查询任务，就是因为数据源中的姓名后有一个空格，如图 6-29所示。

选中A5，可以在【编辑栏】中看到姓名的后面存在一个空格

查找的值是"孙忠银"，数据区域中的却是"孙忠银 "，多了一个看不见的空格，在VLOOKUP函数眼里，这是两个不相同的数据

图 6-29　姓名后面的空格

一个数据是否包含空格或其他不可见字符，可以借助LEN函数来判断，如图 6-30所示。

LEN函数求得的字符数与我们看见的字符数不等，说明数据源存在问题

=LEN(A2)

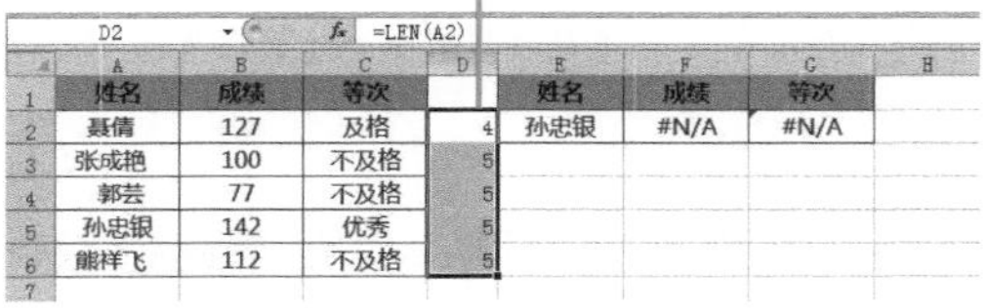

图 6-30　使用LEN函数计算数据包含的字符数

解决这类问题，可以使用查找替换，或使用公式清除数据中包含的多余空格以及其他不可见字符，让数据与要查找的数据完全一致，这样VLOOKUP函数才能正常完成查询任务。

检查数据类型是否匹配

如果你发现数据中没有空格或其他不可见字符，但VLOOKUP函数依然不能完成查询任务，如图 6-31 所示。

$$=VLOOKUP(D2,A:B,2,FALSE)$$

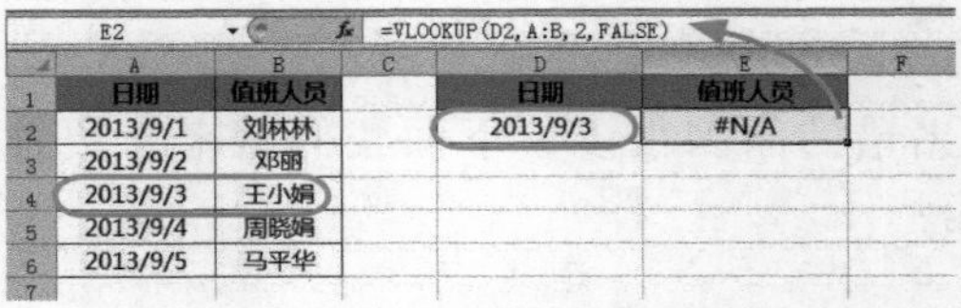

图 6-31　根据值班日期查询值班人员

你可以检查一下查找数据与查询区域中数据的类型是否相同，如图 6-32所示。

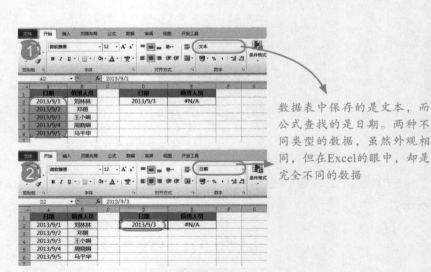

数据表中保存的是文本，而公式查找的是日期。两种不同类型的数据，虽然外观相同，但在Excel的眼中，却是完全不同的数据

图 6-32　在【功能区】中查看数据类型

具有相同外观的数据，因为数据类型不同，也会导致VLOOKUP函数查询错误。如果想避免此类错误发生，应保证查找值与数据源中的数据格式和类型相同。

给错误值穿上一件“隐身衣”

如果数据源中确实没有要查找的数据，VLOOKUP函数将返回#N/A错误，如图 6.33 所示。

F2 =VLOOKUP(E2,$A$1:$C$6,COLUMN(B:B),FALSE)

	A	B	C	D	E	F	G	H
1	姓名	成绩	等次		姓名	成绩	等次	
2	聂倩	127	及格		李涛	#N/A	#N/A	
3	张成艳	100	不及格					
4	郭芸	77	不及格					
5	孙忠银	142	优秀					
6	熊祥飞	112	不及格					
7								

图 6-33　找不到匹配值的公式

出现这类错误，不是因为公式在查询过程中出现了问题，公式返回的错误值只是为你查找、纠正公式出错原因而给出的提示。但错误值的存在却影响了表格的美观，所以，很多人希望能将其隐藏。

当VLOOKUP函数查找不到匹配值时，用其他字符代替#N/A错误，就可以实现“隐藏”错误的效果，可以借助IFERROR函数解决，方法如图 6-34所示。

IFERROR函数有两个参数，第1参数是可能存在错误的公式或数据，第2参数是当第1参数返回错误（#N/A、#VALUE!、#REF!、#DIV/0!、#NUM!、#NAME? 或 #NULL）时，函数应返回的值

=IFERROR(**VLOOKUP(E2,$A$1:$C$6,COLUMN(B:B),FALSE),""**)

F2 =IFERROR(VLOOKUP(E2,$A$1:$C$6,COLUMN(B:B),FALSE),"")

	A	B	C	D	E	F	G	H	I
1	姓名	成绩	等次		姓名	成绩	等次		
2	聂倩	127	及格		李涛				
3	张成艳	100	不及格						
4	郭芸	77	不及格						
5	孙忠银	142	优秀						
6	熊祥飞	112	不及格						
7									

如果第1参数存在错误，IFERROR函数返回第2参数的值（不含任何字符的字符串），否则返回第1参数的值

图 6-34　借助IFERROR函数“隐藏”错误值

提示

IFERROR函数诞生于Excel 2007， Excel 2003的用户需要使用IF函数和ISERROR函数的组合来完成“隐藏”错误的效果。

第2节 VLOOKUP的孪生兄弟——HLOOKUP

尽管VLOOKUP函数是完成查询任务的一大利器，但直接使用它，却不能完成如图6-35所示的查询任务。

在数据区域的**第1行**查找学生姓名，再返回该姓名对应的成绩

	A	B	C	D	E	F	G	H	I	J	K
1	姓名	聂倩	林芳	孙中银	熊祥飞	王勇	顾勇	卢林涛	陈志琴	梁守印	
2	成绩	495	518	512	529	510	508	526	413	504	
3											
4											
5	姓名	卢林涛									
6	总分										
7											

图6-35　根据姓名查询学生成绩

查询区域位于数据表中的第1行而不是第1列，类似这样的查询，我们习惯将其称为**横向查询**。解决横向查询问题，可以用VLOOKUP函数的孪生兄弟——HLOOKUP函数，解决办法如图6-36所示。

=HLOOKUP(B5,B1:J2,2,FALSE)

B6			f_x	=HLOOKUP(B5, B1:J2, 2, FALSE)						
	A	B	C	D	E	F	G	H	I	J	K
1	姓名	聂倩	林芳	孙中银	熊祥飞	王勇	顾勇	卢林涛	陈志琴	梁守印	
2	成绩	495	518	512	529	510	508	526	413	504	
3											
4											
5	姓名	卢林涛									
6	总分	526									
7											

图6-36　使用HLOOKUP函数查询学生成绩

查找值、查找区域、返回值行序号、查找方式，原来HLOOKUP函数也是4个参数，使用方法和VLOOKUP函数完全相同。

第1参数是要查找的数据

第4参数是可选参数，用于指定匹配方式，参数值可以是TRUE或FALSE。如果为TRUE或省略，函数使用模糊匹配的方式查找否则使用精确匹配的方式查找

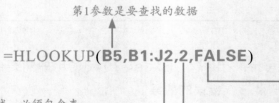

=HLOOKUP(**B5,B1:J2,2,FALSE**)

第2参数是数据区域。必须包含查找值与返回值，且应保证查询数据位于数据区域的第1行

第3参数是返回值的行序号

除了查询方向不同，HLOOKUP函数的用法与VLOOKUP函数完全相同，都可以使用通配符进行模糊查找，通过添加辅助区域完成较为复杂的查找问题，你可以参照VLOOKUP函数的用法来使用它。

第3节　使用MATCH函数确定数据的位置

6.3.1　你的数据保存在第几个单元格

一列或一行数据，就像一支排列整齐的队伍，队伍中每个成员都有自己的位置，如图 6-37所示。

她是从左数起的第3位，所以她在这支队伍中的位置是3

图 6-37　某人在队伍中的位置

与此类似，由数据组成的"队伍"，每个数据在这支队伍中都拥有自己的位置，数据在其所属的行或列中，从左或上数起排第几，它的位置就是几，如图 6-38、图 6-39所示。

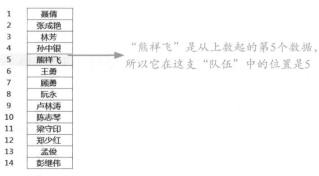

1	聂倩
2	张成艳
3	林芳
4	孙中银
5	熊祥飞
6	王勇
7	顾勇
8	阮永
9	卢林涛
10	陈志琴
11	梁守印
12	郑少红
13	孟俊
14	彭继伟

"熊祥飞"是从上数起的第5个数据，所以它在这支"队伍"中的位置是5

图 6-38　数据在一列中的位置

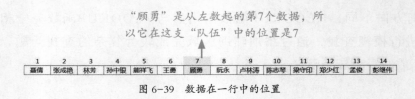

"顾勇"是从左数起的第7个数据，所以它在这支"队伍"中的位置是7
1 2 3 4 5 6 7 8 9 10 11 12 13 14
聂倩 张成艳 林芳 孙中银 熊祥飞 王勇 顾勇 阮永 卢林涛 陈志琴 梁守印 郑少红 孟俊 彭继伟

图 6-39 数据在一行中的位置

6.3.2 使用MATCH函数确定数据的位置

想知道某个数据是一列或一行数据中的第几个，就像满屋子寻找和你捉迷藏的电视机遥控器一样，如果手动搜索确定，一定是一件令人厌烦的工作。

这个时候，你一定需要MATCH函数这个能一键追踪的工具。因为MATCH函数可以轻松确定某个数据在其所属"队伍"中的位置，方法如图 6-40所示。

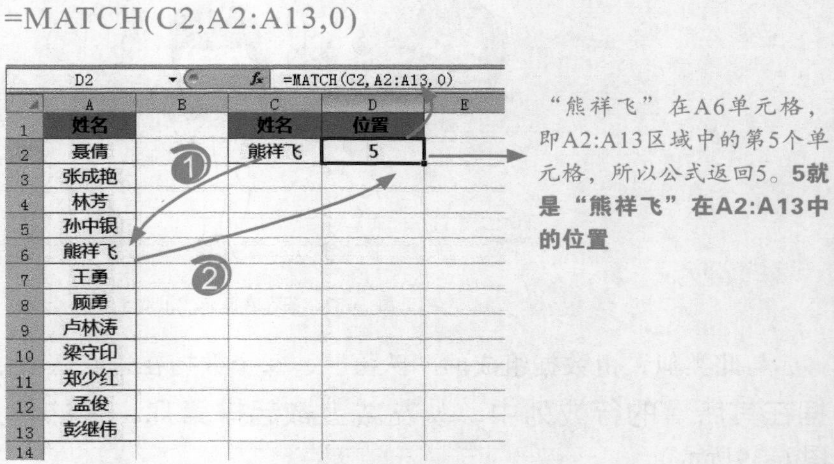

=MATCH(C2,A2:A13,0)
D2
=MATCH(C2,A2:A13,0)
姓名
聂倩
张成艳
林芳
孙中银
熊祥飞
王勇
顾勇
卢林涛
梁守印
郑少红
孟俊
彭继伟
姓名
位置
熊祥飞
5
"熊祥飞"在A6单元格，即A2:A13区域中的第5个单元格，所以公式返回5。5就是"熊祥飞"在A2:A13中的位置

图 6-40 使用MATCH函数确定数据的位置

6.3.3 MATCH函数的使用规则

使用MATCH函数时，MATCH函数将在数据队列中按从左往右，或从上往下的顺序查找指定数据，当找到匹配数据后，再返回数据所在的位置。

结合图 6-40中的公式，可以知道MATCH函数的用法：函数共有3个参数，分别用于指定要查找的值、查找区域及匹配方式，详情如图 6-41所示。

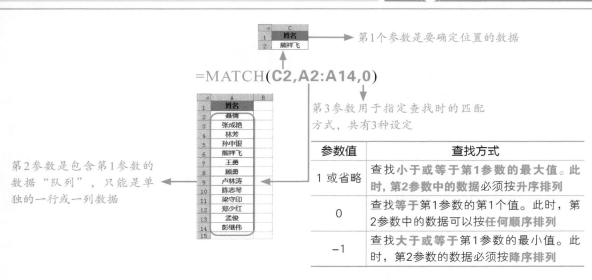

=MATCH(**C2,A2:A14,0**)

第1个参数是要确定位置的数据

第3参数用于指定查找时的匹配
方式，共有3种设定

第2参数是包含第1参数的
数据"队列"，只能是单
独的一行或一列数据

参数值	查找方式
1 或省略	查找**小于或等于**第1参数的最大值。此时，**第2参数中的数据**必须按**升序排列**
0	查找**等于**第1参数的第1个值。此时，第2参数中的数据可以按**任何顺序**排列
−1	查找**大于或等于**第1参数的最小值。此时，第2参数的数据必须按**降序排列**

图 6-41　MATCH函数的参数说明

MATCH函数只能确定数据所在的位置，但千万别认为它的用处有限，相反我们会在很多场合用到它，后面我们会列举一些使用它的例子。

6.3.4　判断某数据是否包含在另一组数据中

如图 6-42所示，在工作表中有两列数据，你能找出在两列中都出现的重复数据吗？

A列的姓名如果在D列
出现，就在B列对应
位置写入"是"，否
则写入"否"

图 6-42　工作表中的两列数据

如果要核对的数据成千上万，你一定不会觉得这是一项轻松的任务吧？

这个问题人工解决有点麻烦，但使用MATCH函数解决却非常轻松，解决步骤如下。

Step 1：使用MATCH函数确定A列中的姓名在D列中的位置，如图 6-43所示。

=MATCH(A2,**$D$2:$D$9**,0)

	A	B	C	D	E
1	姓名1	姓名1是否在姓名2中		姓名2	
2	聂倩	5		王勇	
3	张成艳	7		彭继伟	
4	林芳	#N/A		孟俊	
5	孙中银	#N/A		顾勇	
6	熊祥飞	#N/A		聂倩	
7	王勇	1		卢林涛	
8	顾勇	4		张成艳	
9	阮永	#N/A		陈志琴	
10	卢林涛	6			
11	陈志琴	8			
12	梁守印	#N/A			
13	郑少红	#N/A			
14	孟俊	3			
15	彭继伟	2			
16					

返回错误值#N/A，说明该姓名没有在D2:D9中出现

图 6-43　使用MATCH确定数据的位置

Step 2：使用ISNA函数，判断MATCH是否返回错误值#N/A，再结合IF函数即可得出最后的结果，如图 6-44所示。

=IF(**ISNA(MATCH(A2,$D$2:$D$9,0)**),"否","是")

	A	B	C	D	E	F
1	姓名1	姓名1是否在姓名2中		姓名2		
2	聂倩	是		王勇		
3	张成艳	是		彭继伟		
4	林芳	否		孟俊		
5	孙中银	否		顾勇		
6	熊祥飞	否		聂倩		
7	王勇	是		卢林涛		
8	顾勇	是		张成艳		
9	阮永	否		陈志琴		
10	卢林涛	是				
11	陈志琴	是				
12	梁守印	否				
13	郑少红	否				
14	孟俊	是				
15	彭继伟	是				
16						

当ISNA函数的参数返回为#N/A错误时，函数返回TRUE，否则返回FALSE

图 6-44　判断姓名是否重复

6.3.5　提取唯一值数据

提取唯一值数据，就是对重复的数据只保留一条。

在如图 6-45所示的数据表中，保存了一些可能存在重复的数据。

	A	B	C
1	姓名	成绩	
2	孙忠银	142	
3	郭娅娅	129	
4	熊祥飞	112	
5	王勇	140	
6	顾勇	128	
7	熊祥飞	112	
8	卢林涛	127	
9	郭娅娅	129	
10	王勇	140	
11	梁守印	135	
12			

姓名相同的记录都为重复记录，表中姓名为"郭娅娅"的记录出现2次，但我们只需保留第1条

图 6-45　存在重复数据的表格

【数据】→【删除重复项】命令、高级筛选、数据透视表……去重复记录的方法很多，但你知道也可以借助MATCH函数解决吗？

如果数据表中有多个相同的数据，在使用MATCH函数查找该数据时，函数只返回该数据第1次出现的位置，如图 6-46所示。

	A	B	C	D	E
	C3		=MATCH(A3,$A$2:$A$11,0)		
1	姓名	成绩	辅助列		
2	孙忠银	142	1		
3	郭娅娅	129	2		
4	熊祥飞	112	3		
5	王勇	140	4		
6	顾勇	128	5		
7	熊祥飞	112	3		
8	卢林涛	127	7		
9	郭娅娅	129	2		
10	王勇	140	4		
11	梁守印	135	10		
12					

无论查找哪个单元格中的"郭娅娅"，公式都返回它第一次出现的位置2

图 6-46　使用MATCH函数查找重复的数据

因此，只要把每个第一次出现的姓名提取出来，就可以得到所有不重复的姓名。判断某个单元格中的姓名是否第一次出现，可以在辅助列中进行判断，如图 6-47所示。

MATCH函数返回A3中"郭娅娅"第一次出现的位置2

❶ =MATCH(A3,$A$2:$A$11,0)=ROW(A2)

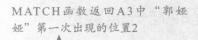

ROW函数返回A2单元格的行号2

MATCH和ROW两个函数返回的结果相等，公式返回TRUE，说明此时查找的姓名为第1次出现的姓名

❷ =MATCH(A9,$A$2:$A$11,0)=ROW(A8)

ROW（A8）返回8，但此时MATCH返回的结果是2，两个函数返回的结果不等，公式返回FALSE，说明此时查找的姓名不是第1次出现的姓名

图 6-47　判断某个数据是否第一次出现

在辅助列中输入公式后，所有返回结果为TRUE的姓名均为第1次出现的姓名，反之则不是。筛选辅助列中为TRUE的所有记录，就是不重复的姓名，如图 6-48所示。

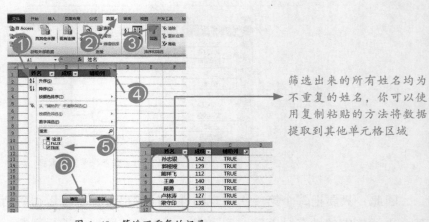

筛选出来的所有姓名均为不重复的姓名，你可以使用复制粘贴的方法将数据提取到其他单元格区域

图 6-48　筛选不重复的记录

MATCH函数很有用，但单独使用的时间较少。大家常将它与INDEX、OFFSET等函数配合使用。怎样用好它，还需要大家多多总结归纳哦。

第4节　使用INDEX函数获取指定位置的数据

6.4.1　什么时候会用到INDEX函数

你有没有打过麻将，或者看过别人打麻将？一副麻将摆在桌上，大家轮流摸牌，下一张牌是什么，只有摸起来看了才知道。

表格中的数据就像摆在桌上的麻将，第4行第2列中的数据究竟是什么，只有找到这个单元格，看过之后才知道。

Excel中的INDEX函数就是一个专门负责"摸牌"的函数，只要你告诉它数据保存在表格中的哪个位置，它就能迅速地找出来，如图 6-49所示。

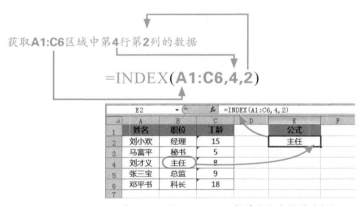

图 6-49　使用INDEX函数获取指定位置的数据

看了这个例子，你能猜到INDEX函数各个参数的用途吗？如果想获取A1:C6中第5行第3列的数据，你知道怎样写公式吗？

6.4.2　怎样使用INDEX函数

　　打麻将时，新的一局开始前，总要掷一下骰子，根据骰子显示的点数确定第一次取牌的位置。同打麻将一样，只有告诉INDEX函数，取哪个区域中的第几个数据，它才能完成交给它的任务。和函数"交流"，告诉它应该提取哪个位置的数据，都是通过函数参数来完成的。

　　INDEX函数有3 个参数，分别用来指定保存数据的区域、提取第几行的数据、提取第几列的数据，详情如图 6-50所示。

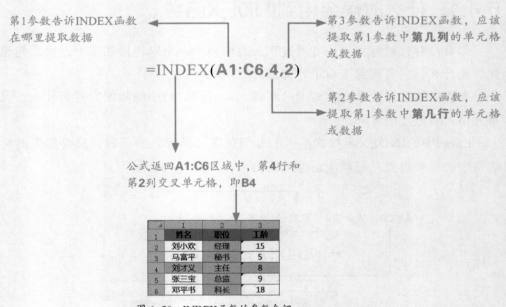

第1参数告诉INDEX函数
在哪里提取数据

第3参数告诉INDEX函数，应该
提取第1参数中**第几列**的单元格
或数据

=INDEX(**A1:C6,4,2**)

第2参数告诉INDEX函数，应该
提取第1参数中**第几行**的单元格
或数据

公式返回**A1:C6**区域中，第**4**行和
第**2**列交叉单元格，即**B4**

	1 姓名	2 职位	3 工龄
1	姓名	职位	工龄
2	刘小欢	经理	15
3	马富平	秘书	5
4	刘才义	主任	8
5	张三宝	总监	9
6	邓平书	科长	18

图 6-50　INDEX函数的参数介绍

INDEX函数工作的过程非常简单。就像你拿着电影票在
电影院找座位一样，只要告诉你座位在哪个区域的第几
排、第几行，你就一定能找到它。面对不同的问题，只需
参照这个例子，正确设置INDEX函数的3个参数即可。

6.4.3　使用简化的INDEX函数

　　INDEX函数有3个参数，但使用时并不需要为其设置满3个参数，如图 6-51、图 6-52 所示。

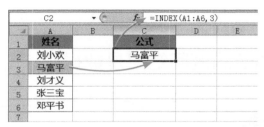

图 6-51　只使用两个参数的INDEX函数

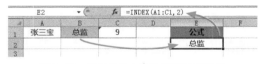

图 6-52　只使用两个参数的INDEX函数

　　当第1参数的数据区域只有1列或1行时，可以只给INDEX设置两个参数。这两个参数分别用于指定数据区域和返回数据在该区域中的位置。

　　只给函数指定两个参数，这是一种简化的用法，同样可以为其设置完整的3个参数，如图 6-53、图 6-54所示。

=INDEX(**A1:A6,3,1**)　　　　　　　公式返回**A1:A61**中第**3**行第**1**列的单元格

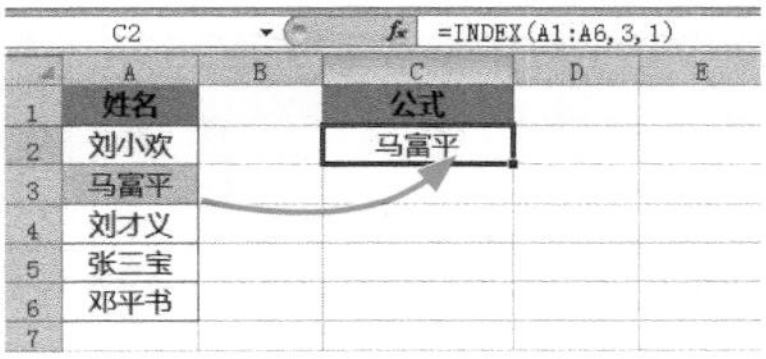

图 6-53　使用3个参数的INDEX函数

公式返回**A1:C1**中第**1**行第**2**列的单元格

=INDEX(A1:C1,1,2)

图 6-54　使用3个参数的INDEX函数

6.4.4　INDEX函数的返回结果是数据吗

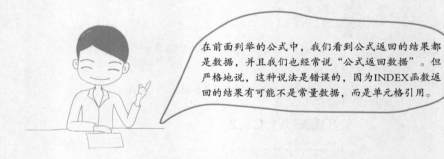

在前面列举的公式中，我们看到公式返回的结果都是数据，并且我们也经常说"公式返回数据"。但严格地说，这种说法是错误的，因为INDEX函数返回的结果有可能不是常量数据，而是单元格引用。

第1参数是单元格引用的INDEX函数，返回的结果就是单元格引用。

如公式=INDEX(A1:C1,2)返回的就是对A1:C1中第2个单元格B1，而不是B1中保存的数据，同在单元格中输入=B1的效果相同，公式只是引用B1中的数据，再将其写入单元格中。

公式返回的结果是不是单元格引用，可以用AREAS函数进行验证，如图 6-55所示。

=AREAS(INDEX(A1:C1,1,2))

公式返回的结果是1，说明INDEX函数返回的是单元格引用B1，而不是字符串"总监"

图 6-55　验证公式返回结果是否为单元格引用

　　AREAS函数返回参数中包含的单元格区域个数，函数的参数只能是单元格引用。如果为AREAS函数设置了非单元格引用的参数，Excel会给出错误提示对话框，如图6-56所示。

公式出错，是因为SUM函数返回的结果不是单元格引用

图6-56　设置了错误参数的AREAS函数

　　只有当INDEX函数的第一参数是非单元格引用的常量数组时，它返回的值才是常量数据，如图 6-57所示。

❶ =INDEX({"张三宝","总监","9"},2)

{"张三宝","总监","9"}是常量数组，由3个字符串组成，公式返回其中的第2个字符串

❷ =AREAS(INDEX({"张三宝","总监","9"},2))

INDEX函数返回的结果不是单元格引用，所以AREAS函数返回错误值

图6-57　返回常量数据的INDEX函数

　　实际上，INDEX函数有两种形式：数组形式和引用形式，前面我们介绍的都是它的数组形式。

　　当使用引用形式时，INDEX函数的第1参数可以由多个单元格区域组成，且函数可以设置4个参数，第4参数用来指定需要返回第几个区域中的单元格，如图6-58所示。

$$=\text{INDEX}((\text{A1:C4,A6:C9,A11:C14}),3,1,2)$$

第1参数由3个单元格引用组成，所有引用都写在括号中

E2 =INDEX((A1:C4,A6:C9,A11:C14), 3, 1, 2)

	A	B	C		E		G
1	姓名	职位	工龄		公式		
2	刘小欢	经理	15		邓平书		
3	马富平	秘书	5				
4	刘才义	主任	8				
5							
6	姓名	职位	工龄				
7	张三宝	总监	9				
8	邓平书	科长	18				
9	马平	职工	3				
10							
11	姓名	职位	工龄				
12	张大明	技术总监	13				
13	刘小凯	主任	11				
14	罗小波	职工	5				
15							

第4参数告诉INDEX，应该返回第1参数中第几个区域里的单元格。可以省略，如果省略该参数，INDEX默认返回第1个区域中的单元格

公式返回第1参数中，第2个区域第3行与第1列交叉的单元格

图6-58　使用INDEX函数的引用形式

什么是数组形式？什么是引用形式？二者有什么区别？对此，我认为不必深究，除了参数设置上的差异外，其本质都是一样的。

6.4.5　代替VLOOKUP函数完善成绩表信息

MATCH函数和INDEX函数可以说是一对黄金搭档。

用MATCH函数查找数据位置，再用INDEX函数提取对应位置的数据。一个负责查找，一个负责引用，二者配合，可以代替VLOOKUP和HLOOKUP函数解决查询匹配任务，如图6-59所示。

$$=\text{INDEX}(\text{F:F,MATCH(A2,E:E,0)})$$

公式先用MATCH函数在E列查找A2的姓名位置，再使用INDEX引用F列该位置上的数据

	A	B	C	D	E	F	G
1	姓名	语文	数学		姓名	数学	
2	聂倩	131	127		孙中银	142	
3	张成艳	100	119		王勇	140	
4	林芳	127	#N/A		梁守印	139	
5	孙中银	123	142		彭继伟	136	
6	熊祥飞	123	112		孟俊	134	
7	王勇	142	140		郑少红	131	
8	顾勇	118	131		顾勇	131	
9	阮永	118	127		聂倩	127	
10	卢林涛	117	127		阮永	127	
11	陈志琴	117	112		卢林涛	127	
12	梁守印	115	139		郭芸	124	
13	郑少红	113	131		张成艳	119	
14	孟俊	108	134		熊祥飞	112	
15	彭继伟	100	136		陈志琴	112	
16							

图6-59　使用INDEX和MATCH函数合并多表信息

6.4.6　解决逆向查询问题

在使用VLOOKUP函数时，函数只在第2参数的区域的首列查找，然后返回其他列的数据。但在实际工作中，要返回的数据可能存储在要查找的列前面，如图 6-60所。

图 6-60　逆向查询问题

> 根据职工姓名，查询职工编号。在查询区域中，职工编号在前，姓名在后

> 像这种返回值（职工编号）保存在查找值（姓名）左边的查询问题，我们称为逆向查询问题。

如果数据区域的首列不包含查找值，直接使用VLOOKUP函数并不能解决这个问题，如图 6-61所示。

$$=VLOOKUP(A2,\$D\$1:\$E\$10,1,FALSE)$$

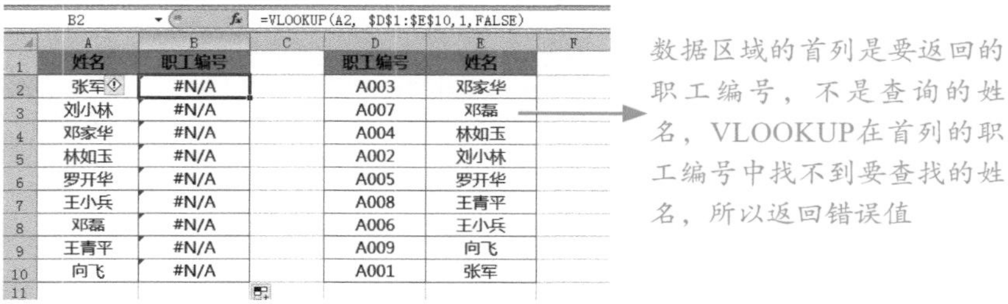

图 6-61　使用VLOOKUP函数解决逆向查询问题

> 数据区域的首列是要返回的职工编号，不是查询的姓名，VLOOKUP在首列的职工编号中找不到要查找的姓名，所以返回错误值

逆向查询对VLOOKUP来说是一个难题，但对INDEX和MATCH这对黄金搭档而言，这类问题和正向查询的问题没有什么区别，解决方法完全相同，如图6-62所示。

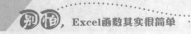

=INDEX(**D:D,MATCH(A2,E:E,0)**)

	B2		▼	*f*ₓ	=INDEX(D:D,MATCH(A2,E:E,0))	
	A	B	C	D	E	F
1	姓名	职工编号		职工编号	姓名	
2	张军	A001		A003	邓家华	
3	刘小林	A002		A007	邓磊	
4	邓家华	A003		A004	林如玉	
5	林如玉	A004		A002	刘小林	
6	罗开华	A005		A005	罗开华	
7	王小兵	A006		A008	王青平	
8	邓磊	A007		A006	王小兵	
9	王青平	A008		A009	向飞	
10	向飞	A009		A001	张军	
11						

图 6-62　使用INDEX和MATCH函数组合进行逆向查询

除此之外，因为MATCH函数支持使用通配符，也可以使用模糊匹配的方式进行查询，所以，通常情况下，VLOOKUP函数能完成的问题，INDEX和MATCH函数也都能应付，而且用起来可以更灵活更方便。

第 **7** 章　用函数处理日期与时间

计算周岁、求日期间的间隔天数、求符合要求的各种日期……相信我，几乎所有你需要的日期和时间运算，都能使用Excel中的日期和时间函数编写公式完成。

让我们一起来看看，那些平时难以解决的问题，是否都能在本章中找到解决的思路。

第1节 揭开日期和时间的面具

7.1.1 日期是数值的特殊显示样式

日期和时间，是我们经常需要处理的一类数据，它们并不神秘。

在Excel中，日期值与数值被视为同一类型的数据。二者不同的外观，可以通过设置单元格格式进行转换，如图7-1所示。

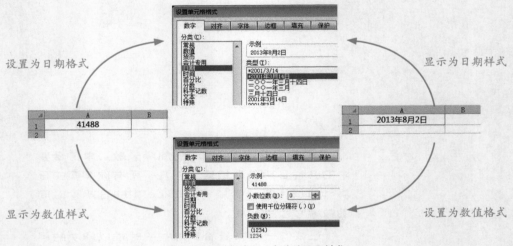

图7-1 切换数值和日期值的显示样式

日期值实际上是数值的特殊显示样式，任何一个日期值都对应一个数值。你知道日期值"2014年1月1日"对应哪个数值吗？

无论你在单元格中输入的是数值"41488"，还是日期值"2013年8月2日"，在Excel的眼中，它们都是同一个数据，可以用比较运算符"＝"验证这一结论，如图7-2所示。

$$=A1=B1$$

公式返回TRUE，说明A1和B1中
的两个数据是相同的

图 7-2　比较日期值与数值

所有日期值都能通过设置单元格格式将其显示为数值，但并不是所有数值都能用同样的方法将其显示为日期值。如果单元格的数值是−2，将其设置为日期格式后就会得到非常怪异的结果，如图 7-3所示。

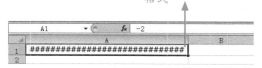

设置单元格格式为"日期"后，无论将列宽调为多少，单元格中都显示#，说明−2不能正常转换为日期格式

图 7-3　设置−2所在单元格为日期格式

究竟哪些数值能通过设置格式显示为日期？如果你想弄清这个问题，可以先花几分钟时间了解一下Excel的日期系统。

7.1.2　Excel的日期系统

Excel 支持1900和1904两种日期系统，在Windows操作系统中，默认情况下，Excel使用1900日期系统。

使用1900日期系统时，Excel允许用户输入的日期范围为1900年1月1日至9999年12月31日，Excel不能识别这个区间之外的日期。

而数值1代表这个日期区间内的第1天，即1900年1月1日，2代表1900年1月2日，3代表1900年1月3日……以此类推，数值2958465代表这个日期区间的最后一天9999年12月31日。

所以，Excel能处理的日期值范围实际是从1至2958465的序列，只有1至2958465这个区间的数值才能通过设置格式将其显示为日期值。

了解这些信息后，你还会为如图7-4所示的这些奇怪的日期值感到措手不及吗？

图7-4 "奇怪"的日期

单元格中的数值是"**36746**"，它表示1900年1月1日至9999年12月31日这个日期区间中的第36746天。如果设置单元格格式为日期，可以将其显示为"**2000年8月8日**"

了解完日期系统，你知道为什么-2不能通过设置格式显示为日期值了吗?

7.1.3　时间是分数的特殊显示样式

数值1被Excel看作1整天，1整天由24小时组成，每1小时是1整天的$\frac{1}{24}$，所以，$\frac{1}{24}$对应的时间是凌晨1点，即：01:00:00，$\frac{2}{24}$对应的时间是02:00:00……$\frac{23}{24}$对应的时间是23:00:00。

1小时包含60分钟，1分钟包含60秒，所以，可以用输入分数或小数的方法来输入某个指定的时间值，如想输入13:20:15可以直接输入分数$\frac{48015}{86400}$或该分数对应的小数。

提示

$\frac{48015}{86400}$中的分母86400为24小时对应的秒数，分子48015为13小时20分钟15秒对应的秒数之和，即$\frac{13\times60\times60+20\times60+15}{24\times60\times60}$。

面对一个数值，如41488.5，Excel会将其分为整数41488和小数0.5（即$\frac{12}{24}$）两部分，其中41488对应日期值2013年8月2日，0.5（即$\frac{12}{24}$）对应时间值12:00:00，因此可以通过设置单元格格式，将41488.5显示为"2013年8月2日 12:00:00"，如图7-5所示。

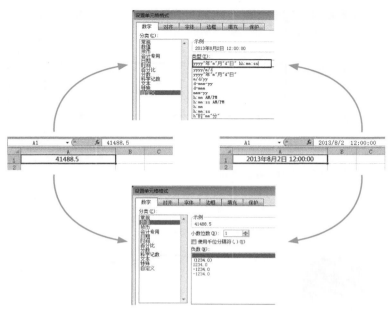

图 7-5　切换日期值和数值的显示样式

第2节　在Excel中录入日期与时间

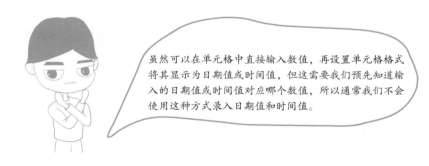

虽然可以在单元格中直接输入数值，再设置单元格格式将其显示为日期值或时间值，但这需要我们预先知道输入的日期值或时间值对应哪个数值，所以通常我们不会使用这种方式录入日期值和时间值。

7.2.1　按格式样式手动输入日期与时间

● 直接录入日期值

　　Excel中的日期有多种显示格式，如"2013-8-2"、"2013/8/2"、"2013年8月2日"都表示同一个日期值。在如图 7-6所示的【设置单元格格式】对话框中，可以看到Excel允许我们设置显示的日期值格式，你可以按其中的任意一种格式直接录入日期值。

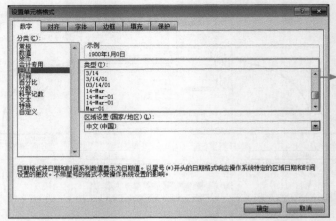

图 7-6　日期值格式样式

有一点请注意，默认情况下，你在录入日期值时，年月日之间只能使用反斜杠"/"或短划线"—"作为分隔符，如果使用小数点"."或其他分隔符，Excel都不会将其识别为日期值。

直接录入时间值

时间值也是数值，它是分数形式的数值。

同录入日期值一样，你可以参照【设置单元格格式】对话框中的时间值格式录入任意的时间值，如图 7-7所示。

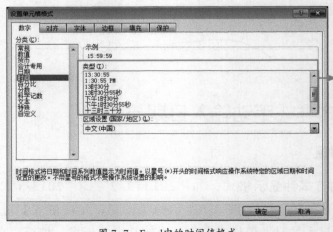

图 7-7　Excel中的时间值格式

通常，我们只在Excel中处理 "00:00:00" 至 "23:59:59" 之间的时间值。但因为Excel可以处理精确到毫秒的时间数据，所以它能处理的时间值范围为 "00:00:00.000" 至 "23:59:59.999"。

7.2.2　快速录入当前系统日期与时间

系统日期和时间，就是你在任务栏右下角看到的日期和时间，如图 7-8所示。

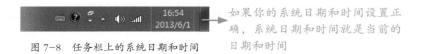

如果你的系统日期和时间设置正确，系统日期和时间就是当前的日期和时间

图 7-8　任务栏上的系统日期和时间

在单元格中录入当前系统日期和时间，可以使用快捷键或公式完成，方法如表 7-1所示。

表 7-1　录入系统日期和时间的方法

	录入当前日期	录入当前时间
快捷键	Ctrl+分号（；）	Ctrl+Shift+分号（；）
公式	=TODAY()	=NOW()

但这两种方法得到的结果并不完全相同：使用快捷键录入的日期值和时间值是一个常量，一旦写入单元格就不会改变，而使用公式生成的日期值和时间值是一个变量，会随着公式的重新计算而得到新的结果。

发现了吗？NOW函数返回的结果由日期与时间两部分组成，可能是一个小数，而TODAY函数只返回不包含时间的当前系统日期，只能是一个整数。因为NOW函数也能返回当前系统日期，因此，从某种程度上说，NOW函数可以代替TODAY函数，如图7-9所示。

TODAY函数返回的日期
值只包含当前系统日期

除了系统时间，NOW函数还返回了当前系统日期。
使用公式"**=INT(NOW())**"可得到当前系统日期的
日期部分

	A	B	C
1	=TODAY()	=NOW()	
2	2013年6月27日 00:00:00	2013年6月27日 20:16:52	
3			

图7-9　TODAY和NOW函数的区别

7.2.3　利用 DATE函数生成指定日期

只要你确定了某个日期的年、月、日，就能根据日期样式在单元格中输入它。但如果预先不知道这些信息，需要通过公式或其他方式获得，使用手动录入的方式就不太方便了。

但如果使用DATE函数，就可以解决这一问题。

只要你将日期中的年、月、日信息，通过参数告诉DATE函数，它就能返回对应的日期值。一个完整的日期值一定包含年、月、日3个信息，对应的，DATE函数也有3个参数。

第1个参数是年份，可以是1到4位数字。但为避免出现意外结果，建议你使用4位数字指定年份

第3参数是号数。可以是正整数或负整数，如果参数值大于指定月份的天数，则从指定月份的第1天开始累加该天数。如果参数值小于 1，则从指定月份的第1天开始递减该天数，然后再加上 1，就是要返回的日期值号数

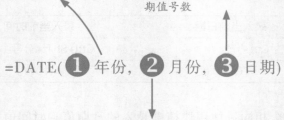

=DATE(❶ 年份, ❷ 月份, ❸ 日期)

第2参数是月份。可以是正整数或负整数，如果参数值大于 12，则从指定年份的1月开始累加该月份数。如果参数值小于 1，则从指定年份的1月份开始递减该月份数，然后再加上 1，就是要返回的日期的月数

如图 7-10所示，列举了部分使用DATE函数生成日期值的例子，你可以参照学习使用DATE函数。

	A 年	B 月	C 日	D 日期	E 公式	F
1	年	月	日	日期	公式	
2	2013	9	3	2013年9月3日	=DATE(A2,B2,C2)	
3	2012	13	2	2013年1月2日	=DATE(A3,B3,C3)	
4	2013	-3	20	2012年9月20日	=DATE(A4,B4,C4)	
5	2013	3	34	2013年4月3日	=DATE(A5,B5,C5)	
6	2013	3	-3	2013年2月25日	=DATE(A6,B6,C6)	
7						

图7-10　使用DATE函数生成指定日期值

花点时间研究图 7-10中的这些例子，只有真正弄清楚每个公式结果的来龙去脉，才能说明你会用DATE函数了。

7.2.4 求指定月份第一天的日期值

每月的第一天都是1号，如果要得到指定日期所在月第一天对应的日期值，将1设置为DATE函数的第3参数即可，如图 7-11所示。

=DATE**(YEAR(A2),MONTH(A2),1)**

	A	B	C	D	E
	日期	该月第1天			
2	2013/3/8	2013/3/1			
3	2011/5/22	2011/5/1			
4	2011/9/4	2011/9/1			
5	2011/12/1	2011/12/1			
6	2012/7/14	2012/7/1			
7					

图 7-11 返回指定月份第一天的日期值

YEAR和MONTH函数分别用来获取某个日期中的年份和月份，两个函数的具体用法，可以阅读7.3.1中的相关内容。

7.2.5 求指定月份最后一天的日期值

月份不同，最后一天的号数也不相同。我应该将28、29、30、31中的哪个数字设置为DATE函数的第3参数呢？

不同的月份，最后一天日期的号数并不相同，所以，求某月的最后一天的日期值，不能直接替函数指定号数。

在使用时，DATE函数的第3参数并不是只能设置为正整数，还可以设置为0或负整数。

如果将DATE函数的第3参数设置为0，函数将返回上个月的最后一天的日期值，如公式=DATE(2013,8,0)返回8月的上一个月——7月最后一天的日期值：2013/7/31。

如图7-12所示，将第2参数设置为下一个月的月份，将第3参数设置为0，就可以求出任意月份的最后一天的日期值，豁然开朗的感觉……

=DATE**(YEAR(A2),MONTH(A2)+1,0)**

	A	B	C	D	E
	日期	该月最后1天			
2	2013/3/8	2013/3/31			
3	2011/5/22	2011/5/31			
4	2011/9/4	2011/9/30			
5	2011/12/1	2011/12/31			
6	2012/7/14	2012/7/31			
7	2013/2/23	2013/2/28			
8					

图 7-12　求指定月份最后一天的日期值

提示

获得某月最后一天的日期后，还可以使用DAY求得该月包含的天数，公式为：
=DAY(DATE(YEAR(A2),MONTH(A2)+1,0))
其中的DAY函数用于求指定日期中的号数，如果你想了解它的更多信息，可以阅读7.3.1中的相关内容。

7.2.6　使用TIME函数生成指定的时间值

TIME函数的用法与DATE函数的用法相同，区别在于DATE函数返回日期值，而TIME函数返回时间值。

一个完整的时间值包括时、分、秒3个信息，所以TIME函数也有3个参数。

第1参数是返回时间的小时，可以是0到 32767 之间的数值。如果参数值大于 23 ，Excel会将参数值除以24，取余数作返回时间的小时

第3参数是返回时间的秒数，可以是 0 到 32767 之间的数值，如果参数值大于 59 ，Excel会将其换为小时、分钟和秒，将对应的小时和分钟数加到前两个参数

=TIME(❶ 小时, ❷ 分钟, ❸ 秒)

第2参数是返回时间的分钟，可以是 0 到 32767 之间的数值，如果参数大于59，Excel会将其转为为小时和分钟，将小时数加到第1参数

如图 7-13所示，列举了部分使用TIME函数的例子，你可以参照它们学习和使用TIME函数。

	时	分	秒	时间	公式
2	19	9	3	19:09:03	=TIME(A2,B2,C2)
3	25	13	2	1:13:02	=TIME(A3,B3,C3)
4	19	68	20	20:08:20	=TIME(A4,B4,C4)
5	19	3	123	19:05:03	=TIME(A5,B5,C5)
6	19	70	68	20:11:08	=TIME(A6,B6,C6)

图 7-13　使用TIME函数生成指定的时间值

第3节　获取日期值和时间值中的信息

7.3.1　提取日期值中的年月日信息

使用YEAR、MONTH和DAY函数可以分别获取指定日期值中的年、月、日信息。YEAR、MONTH和DAY函数都只有一个参数，这个参数就是要获取信息的日期值，或可转为日期值的其他类型的数据或公式，如图 7-14所示。

	日期	年	月	日	E
2	2013年8月2日	2013	8	2	
3		=YEAR(A2)	=MONTH(A2)	=DAY(A2)	

图 7-14　获取日期值中的年月日信息

7.3.2 获取时间值中的时分秒信息

使用HOUR、MINUTE、SECOND函数，可以分别获取指定时间值中的时、分、秒信息。

这3个函数都只有一个参数，参数是要获取信息的时间值，或可转化为时间值的数据与公式，如图 7-15所示。

	A	B	C	D	E
1	时间	时	分	秒	
2	12:35:40	12	35	40	
3		=HOUR(A2)	=MINUTE(A2)	=SECOND(A2)	
4					

图 7-15 获取时间值中的时分秒信息

7.3.3 从带时间的日期数据中提取纯日期

如图 7-16所示，数据既包含日期信息，也包含时间信息。

图 7-16 包含日期信息和时间信息的数据

由于工作需要，我们只需要其中的日期信息，应该怎么办？

如果只想要显示效果，直接设置单元格格式即可解决，方法如图 7-17所示。

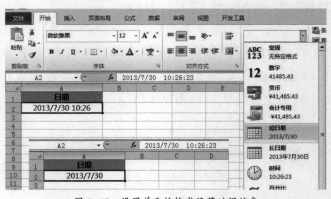

图 7-17 设置单元格格式隐藏时间信息

但这样只是改变数据的显示样式，并未改变数据本身，在【编辑栏】中还是可以看到其中的时间信息。

如果只想保留日期部分的信息，而不只是显示效果，应该怎么办呢？

一个日期值就是一个数值，其中的整数部分表示日期，小数部分表示时间。所以要舍去某个日期值中的时间信息，只要使用INT函数取得该日期值对应数值的整数部分即可，如图 7-18所示。

使用INT函数取得日期值对应数值的整数，这样得到的日期就没有时间了（整数对应的日期值的时间是00:00:00）

$$=INT(A2)$$

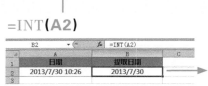

INT函数返回的结果是数值，所以要使单元格中的数据显示为日期，还应设置单元格格式为日期格式，这一步很关键哦

图 7-18　使用INT函数提取纯日期值

第4节　其他常见的日期计算问题

7.4.1　返回指定天数之前或之后的日期值

前面介绍过，日期值在Excel中其实是一组1至2958465的序列。每个不含时间的日期值都对应一个整数，这个整数每增加1，日期就增加1天。

因此，当需要获得某个日期指定天数之前或之后的日期值时，只需将该日期值与指定的整数相加或相减即可，如图 7-19所示。

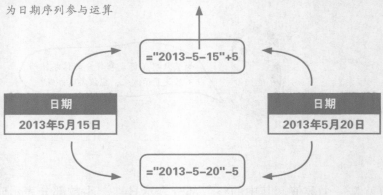

日期值直接参与公式计算或将其设置为函数的参数时，应将其写在英文双引号间。如果本例中的日期值未加引号，Excel会将2013-5-15看成一个执行减法运算的表达式，先进行减法运算，再将得到的数值作为日期序列参与运算

="2013-5-15"+5

日期
2013年5月15日

日期
2013年5月20日

="2013-5-20"-5

图 7-19　计算某个日期指定天数之前或之后的日期值

如果日期值已经存储于单元格中，在公式中直接引用参与公式计算即可。在本例中，假如日期值2013-5-15保存在A1单元格，那公式可以写为：=A1+5。

7.4.2　返回指定月数之前或之后的日期值

🔵 提取月份加减法

因为每个月的天数不等，所以不宜使用增加或减少天数的办法，求指定月数之前或之后的日期值。但可以分别提取日期值中的年、月、日信息，再对月数进行加减，最后用DATE函数组合这个日期值，如图 7-20所示。

=DATE(YEAR("2013-1-20"),**MONTH("2013-1-20")+2**,DAY("2013-1-20"))

日期
2013年1月20日

日期
2013年3月20日

=DATE(YEAR("2013-3-20"),**MONTH("2013-3-20")-2**,DAY("2013-3-20"))

图 7-20　求指定月数之前或之后的日期值

使用EDATE函数的解决方法

分别将YEAR、MONTH、DAY函数的返回
结果，设置为DATE函数的3个参数，从而得
到一个符合要求的新日期，这种中规中矩的
解决方法容易理解，但步骤有些繁琐。

针对此类问题，Excel专门准备了另一个函数——EDATE函数，只要为EDATE函数指定原日期，以及要增加或减少的月数，即可完成同样的计算。如求"2013年1月20日"两个月之后的日期值，可以使用公式：

第1参数是起始日期，可以是日期值、
单元格引用、公式的计算结果、名称
或其他可转为日期值的字符串

=EDATE**("2013-1-20",2)**

第2参数是要增加或减少的月数。
如果为正数，表示增加月数，公
式返回的是未来的日期，如果为
负数，表示减少月数，公式返回
的是过去的日期

公式返回"2013-1-20"两个月
之后的日期值，即：2013-3-20

公式的计算结果如图 7-21所示。

图 7-21　求2013-1-20两个月之后的日期

7.4.3　返回指定年数之前或之后的日期值

如果想返回"2013年3月1日"3年后的日期，可以使用YEAR、MONTH和DAY函数，分别获取该日期中的年、月、日信息，再将年数加3，最后借助DATE函数求得符合要求的日期值，如图 7-22所示。

$$=DATE(\textbf{YEAR(A2)+3},MONTH(A2),DAY(A2))$$

日期	增加年数	返回日期	公式
13/3/1	3	2016/3/1	=DATE(YEAR(A2)+3,MONTH(A2),DAY(A2))

图 7-22　求指定日期3年后的日期值

因为一年等于12个月，所以还可以先求出要增加或减少的年数对应的月数，再借助EDATE函数解决。图 7-23展示了计算"2013年3月1日"3年前的日期的解决方法。

公式先计算−B2的值，返回−3，再将−3
与12相乘，求得需要减少的月数

$$=EDATE(A2,\textbf{-B2*12})$$

	A	B	C	D	E
1	日期	减少年数	返回日期	公式	
2	2013/3/1	3	2010/3/1	=EDATE(A2,-B2*12)	
3					

图 7-23　求指定日期3年前的日期值

7.4.4　直接相减法求两个日期值间隔的天数

求两个日期值间隔的天数，最简单的办法就是将两个日期值相减，如图 7-24所示。

将两个日期值相减，实际上是将两个日期值对应的
数值相减，两个数值的差值就是两个日期值间隔的
天数

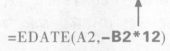

$$=B2-A2$$

C2	▼	f_x	=B2-A2		
	A	B	C	D	E
1	起始日期	终止日期	间隔天数	公式	
2	2011/1/2	2013/6/5	885	=B2-A2	
3					

图 7-24　用直接相减法求两个日期值间隔的天数

使用直接相减法时，被减数通常是那个比较大的日期值。

7.4.5　使用DATEDIF函数求日期间隔

如果想求两个日期值间隔的年数或月数，直接相减法就没那么方便了。对于这种需求，Excel准备了一个专用的函数——DATEDIF函数。

另类的DATEDIF函数

相对其他函数而言，DATEDIF是一个另类的函数。

它是Excel中的一个隐藏函数，在Excel的函数帮助中没有它的任何信息，以至于你无法借助Excel的帮助信息去了解它。但你千万不要因此就以为它是一个没什么用途的函数。事实恰恰相反，因为使用它可以方便地计算两个日期值间隔的天数、月数或年数，所以在很多场合都会用到它。

DATEDIF函数的用法

DATEDIF函数有3个参数，分别用于指定起始日期、终止日期以及返回值类型。

第1、2参数用于指定参与计算的**起始日期**和**终止日期**：日期可以是带引号的字符串，日期序列号，单元格引用、其他公式的计算结果等

=DATEDIF（ ❶ 起始日期， ❷ 终止日期， ❸ 返回值类型）

第3参数用于指定函数的返回值类型，共有**6种**设定

参数	函数返回值
"y"	返回两个日期值间隔的整年数
"m"	返回两个日期值间隔的整月数
"d"	返回两个日期值间隔的天数
"md"	返回两个日期值间隔的天数（忽略日期中的年和月）
"ym"	返回两个日期值间隔的月数（忽略日期中的年和日）
"yd"	返回两个日期值间隔的天数（忽略日期中的年）

求两个日期值间隔的天数

如果使用DATEDIF函数求两个日期值间隔的天数，方法如图 7-25所示。

注意，DATEDIF函数第2参数的日期值不能小于第1参数的日期值

=DATEDIF(**A2,B2,"d"**)

第3参数为"d"，DATEDIF函数将求两个日期值间隔的天数，等同于公式 "=B2-A2"

	A	B	C	D	E
1	起始日期	终止日期	间隔天数	公式	
2	2011/1/2	2013/6/5	885	=DATEDIF(A2,B2,"d")	
3					

C2　fx =DATEDIF(A2,B2,"d")

图 7-25　求两个日期值间隔的天数

如果替函数设置适合的第3参数，还可以让DATEDIF函数在计算间隔天数时忽略两个日期值中的年或月信息，如图 7-26所示。

将第3参数设置为"yd"，DATEDIF函数将忽略两个日期值中的年，直接求1月2日和6月5日之间间隔的天数，所以公式返回154

将第3参数设置为"md"，DATEDIF函数将忽略两个日期值中的年和月，直接求2号和5号之间间隔的天数，所以公式返回3

图 7-26　让DATEDIF函数忽略日期值中的年和月

求两个日期值间隔的月数

如果要计算两个日期值间隔的月数，就将DATEDIF函数的第3参数设置为"m"，如图 7-27所示。

两个日期值间隔2年5个月3天，其中2年含24个月，3天不足1月，所以公式数返回29

图 7-27　求两个日期值间隔的月数

如果将第3参数设置为"ym"，计算时DATEDIF函数将忽略两个日期值中的年份，如图 7-28所示。

设置第3参数为"ym"，计算时函数忽略两个日期的年份，直接计算1月2日和6月5日间隔的整月数，所以返回5

图 7-28　忽略日期值中的年份进行计算

忽略年份，就是把起始日期和终止日期当成同一年内的两个日期来计算；忽略月份，就是把两个日期当成同一月内的两个日期来计算。这点，你弄明白了吗？

● 求两个日期值间隔的年数

将DATEDIF函数的第3参数设置为"y"，函数将返回两个日期值间隔的年数，如图7-29所示。

两个日期值间隔2年5个月3天，其中5个月3天不足1年，所以公式返回间隔的整年数2

	A	B	C	D	E
	C2	▼	fx	=DATEDIF(A2,B2,"y")	
1	起始日期	终止日期	间隔年数	公式	
2	2011/1/2	2013/6/5	2	=DATEDIF(A2,B2,"y")	
3					

图 7-29 求两个日期

7.4.6 2013年8月2日是星期几

2013年8月2日，很久以前的日期了，我怎么知道那天是星期几？先让我找本日历看看……

对一个离今天较远的日期，想知道它是星期几，并不是一件轻松的事。但如果在Excel中，使用WEEKDAY函数就可以瞬间解决，如图 7-30所示。

公式返回5，表示2013/8/2是
一周内的第5天，即星期五

=WEEKDAY(A2,11)

图 7-30　计算指定日期是一周内的第几天

通过WEEKDAY函数可以计算某个日期是一周内的第几天，知道是第几天，当然也就知道是星期几了。

WEEKDAY函数有两个参数，各参数用途及说明如下。

第1参数是要计算的日期值

=WEEKDAY(❶ 日期，❷ 返回类型值)

第2参数告诉WEEKDAY，应该将星期几当成一周内
的第1天。参数可以省略，如果省略，默认值为1

按中国人的习惯，总是把星期一看成一周的第1天，星期日看成一周的第7天，如果你想让函数也按这种规则返回1至7的整数，那将第2参数设置为2或11都可以，如图 7-31所示。

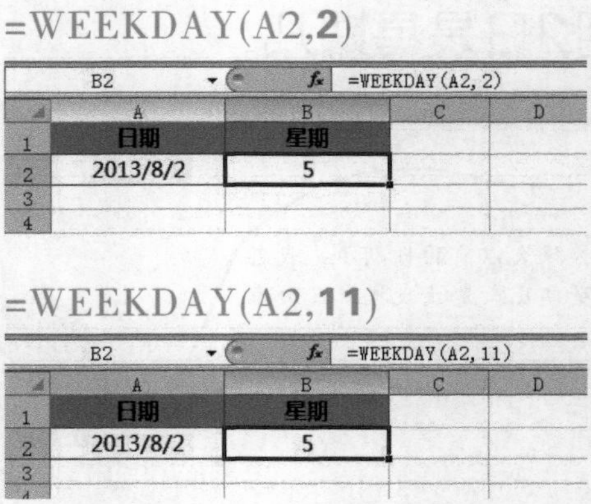

=WEEKDAY(A2,**2**)

=WEEKDAY(A2,**11**)

图 7-31　将星期一当成一周的第1天

针对不同的习惯，可以替函数设置不同的第2参数，各种设置及返回值情况如表 7-2所示。

表 7-2 WEEKDAY函数第2参数的各种设置

参数值	公式返回结果						
	星期一	星期二	星期三	星期四	星期五	星期六	星期日
1或省略	2	3	4	5	6	7	1
2	1	2	3	4	5	6	7
3	0	1	2	3	4	5	6
11	1	2	3	4	5	6	7
12	7	1	2	3	4	5	6
13	6	7	1	2	3	4	5
14	5	6	7	1	2	3	4
15	4	5	6	7	1	2	3
16	3	4	5	6	7	1	2
17	2	3	4	5	6	7	1

如果你想将星期五当成一周的第1天，就设置函数第2参数为15，如图 7-32所示。

图 7-32 将星期五当成一周的第1天

7.4.7 用TEXT求指定日期值是星期几

计算某个日期值对应的星期，还可以使用文本函数TEXT。

将TEXT函数的第1参数设置为要计算的日期值，第2参数设置为"aaa"或"aaaa"，函数就会返回日期值对应的星期，如图 7-33所示。

=TEXT(A2,**"aaa"**)

=TEXT(A2,**"aaaa"**) ——→ 如果想返回英文的星期，就将第2参数设置为"ddd"或"dddd"

图 7-33 使用TEXT函数计算日期值对应的星期

计算某个日期值对应的星期，是不是觉得TEXT函数返回的结果更直观，更接近我们想要的结果呢？

7.4.8　2013年8月2日是当年的第几周

我知道一年大概有52周，可要我回答2013年8月2日是2013年的第几周，我表示无能为力。

要解决这个问题，也许你会翻一下日历，但如果你正在使用Excel，使用WEEKNUM函数解决这个问题的时间不会超过10秒钟，如图 7-34所示。

=WEEKNUM(A2,2)

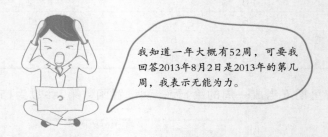

公式返回"31"，说明"2013/8/2"是2013年的第31周

图 7-34　计算指定日期是所在年的第几周

WEEKNUM函数有两个参数，第1参数是需要计算的日期值，第2参数用于选择是把周日，还是周一当成一周的第一天。

第1参数是要计算的日期值

=WEEKNUM(❶ 日期，❷ 返回类型值)

第2参数用于指定一周的第一天，可以是1或2。当参数为1时，周一为第1天。当参数为2时，周日为第1天。可以省略，如果省略，默认值为1。具体的区别如图 7-35所示

=WEEKNUM(A2,**1**)

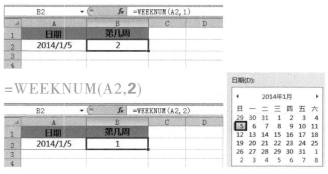

=WEEKNUM(A2,**2**)

图 7-35　指定每周中的第1天

　　将第2参数设为1时，函数把周日看作每周的第1天，而2014/1/5恰好是周日，且在第2周，所以公式返回2；如果将第2参数设为2，因为2014/1/5的周日被函数当成每周的第7天，所以函数返回1，把这个日期看成2014年的第1周。

7.4.9　判断指定日期属于第几季度

● 使用VLOOKUP函数解决

　　一年4个季度，1至3月是第1季度，4至6月是第2季度，以此类推。要知道某个日期属于哪个季度，只需看这个日期的月份分布在四个季度的哪个段即可。

　　可以使用VLOOKUP函数的模糊查找方式解决这个问题，方法如图 7-36所示。

使用MONTH函数获得日期值中的月份，将　　　　　　　D3:E6是设置的辅助区域，辅助区域的第1列保存各
其设置为VLOOKUP函数的第1参数　←　　　　　　　季度第1个月的月份，第2列保存对应的季度

=VLOOKUP(**MONTH(A2),D3:E6,2**)

图 7-36　使用VLOOKUP查询指定日期所属季度

在公式中，VLOOKUP函数省略了第4参数，函数使用模糊匹配的查找方式，计算时将在第2参数的首列查找小于或等于查找值的最大值，再返回对应的季度。

为方便使用，在这个公式中，可以使用常量数组代替辅助区域D3:E6，如图 7-37所示。

$$=VLOOKUP(MONTH(A2),\{1,1;4,2;7,3;10,4\},2)$$

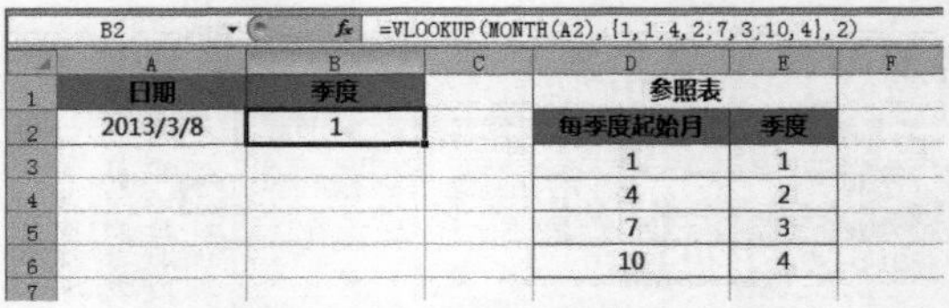

图 7-37　在公式中使用常量数组

使用数组代替D3:E6后，就可以删除工作表中的参照表，独立使用这个公式了，如图7-38所示。

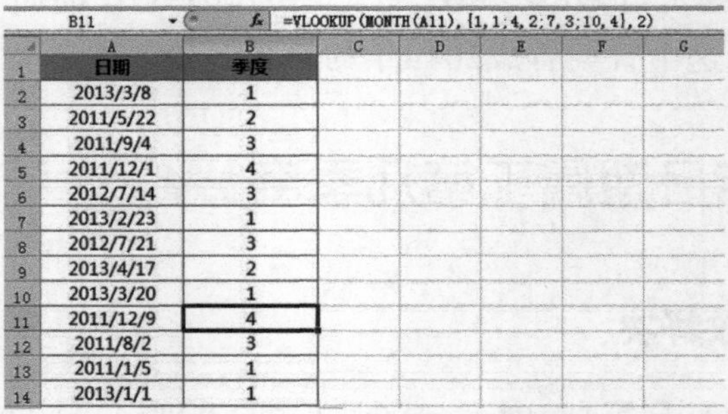

图 7-38　使用常量数组代替辅助区域

常量数组{1,1;4,2;7,3;10,4}中的数据就是D3:E6中的数据，如果你的工作表中保存有这些数据，可以不用手动输入：在任意单元格中输入公式"=D3:E6"，在【编辑栏】中选中D3:E6，按<F9>键即可得到这个常量数组，如图 7-39所示。

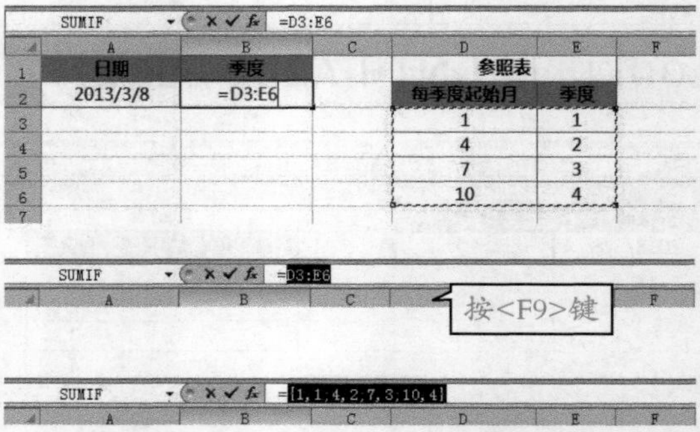

图 7-39　根据单元格区域中的数据生成常量数组

使用MATCH函数解决

因为每季度首月在序列1、4、7、10中的位置就是对应的季度，所以可以使用MATCH函数的模糊匹配方式，查找日期中月份在1、4、7、10序列中的位置，返回结果即为该月份所在的季度，如图 7-40所示。

=MATCH(MONTH(A2),$D$2:$D$5,1)

B2 =MATCH(MONTH(A2),$D$2:$D$5,1)

	A	B	C	D	E
1	日期	季度		参照表	
2	2013/3/8	1		1	
3	2011/5/22	2		4	
4	2011/9/4	3		7	
5	2011/12/1	4		10	
6	2012/7/14	3			
7	2013/2/23	1			
8	2012/7/21	3			
9	2013/4/17	2			
10	2013/3/20	1			
11	2011/12/9	4			
12	2011/8/2	3			
13	2011/1/5	1			
14	2013/1/1	1			
15					

图 7-40　使用MATCH函数确定指定日期值所属季度

公式中的$D$2:$D$5是设置的辅助区域，同使用VLOOKUP函数一样，可以使用常量数组代替它，如图 7-41所示。

=MATCH(**MONTH(A2),{1;4;7;10},1**)

B2 =MATCH(MONTH(A2),{1;4;7;10},1)

	A	B	C	D	E
1	日期	季度			
2	2013/3/8	1			
3	2011/5/22	2			
4	2011/9/4	3			
5	2011/12/1	4			
6	2012/7/14	3			
7	2013/2/23	1			
8	2012/7/21	3			
9	2013/4/17	2			
10	2013/3/20	1			
11	2011/12/9	4			
12	2011/8/2	3			
13	2011/1/5	1			
14	2013/1/1	1			
15					

MATCH函数的第3参数是1，函数将在{1;4;7;10}中查找**小于或等于**日期值中月份的最大值所在位置，该位置的序数就是日期值对应的季度

图 7-41　使用MATCH函数确定指定日期值所属季度

更简单的取巧式算法

让我们先来看一串有意思的计算式，如表 7-3所示。

表 7-3 底数是2的幂运算

计算式	返回结果	返回结果的位数
=2^1	2	1
=2^2	4	1
=2^3	8	1
=2^4	16	2
=2^5	32	2
=2^6	64	2
=2^7	128	3
=2^8	256	3
=2^9	512	3
=2^10	1024	4
=2^11	2048	4
=2^12	4096	4

　　这12个计算式分别求2的1至12次方，如果根据各计算式返回结果的位数分类的话，可将其分为4类。即：返回结果是1位数、2位数、3位数和4位数。

　　这就是我们可以利用的地方。

　　如果将计算式中的指数换成日期值中的月份，则可通过求乘方运算结果的位数得到该月所在的季度，如图 7-42所示。

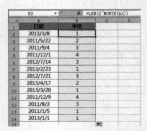

图 7-42　求指定日期值所属季度

7.4.10　求两个日期值之间的工作日天数

　　工作日就是正常上班工作的日子，不包括周末（周六和周日）。

　　使用NETWORKDAYS函数可以计算两个日期值之间间隔的工作日天数，只要替函数指定开始和结束的日期，它就会替你剔除这两个日期值之间的周末，返回工作日天数，如图 7-43所示。

=NETWORKDAYS(A2,B2)

图 7-43　计算两个日期值之间的工作日天数

NETWORKDAYS函数的第1、2参数分别用于指定起始日期和终止日期，顺序不定，但如果第1参数的日期值大于第2参数的日期值，函数将返回负数，该负数的绝对值就是两个日期值之间间隔的工作日天数，如图 7-44所示。

图 7-44　第1参数小于第2参数时的NETWORKDAYS函数

只剔除周末，那端午节、清明节、中秋节呢？这些不都是节假日吗？

是的，除了周末以外，其他法定节假日也是不用上班的，比如端午节、国庆节。

如果你想剔除法定节假日或其他一些特定的日子，那可以给NETWORKDAYS函数设置第3参数，通过第3参数将这些节假日告诉NETWORKDAYS函数，这样NETWORKDAYS在剔除周末天数的同时，也会剔除这些你列出来的节假日，如图 7-45所示。

=NETWORKDAYS(A2,B2,**A6:A8**)

图 7-45　替NETWORKDAYS函数设置第3参数

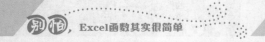

如果不想占用工作表中的单元格,第3参数的节假日可以设置成常量数组,如图 7-46所示。

=NETWORKDAYS(A2,B2,{"2013/6/10";"2013/6/11";"2013/6/12"})

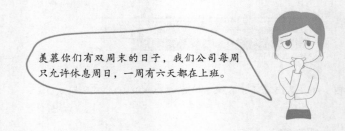

图 7-46 将常量数组设置为NETWORKDAYS函数的第3参数

7.4.11 自定义休息日计算日期间的工作日天数

> 羡慕你们有双周末的日子,我们公司每周只允许休息周日,一周有六天都在上班。

由于工作性质不同,并不是所有人都拥有相同的休息时间。

如果休息日不是周六和周日,要计算两个日期间的工作日天数,NETWORKDAYS.INTL函数会更适合。NETWORKDAYS.INTL函数的最大优点是允许用户自己通过参数指定哪天是休息日,其语法格式为:

=NETWORKDAYS.INTL(❶起始日期,❷终止日期,❸自定义休息日,❹节假日列表)

函数通过第3参数指定你的每周休息日是哪天,如表7-4所示,列举了一些你可以设置的参数值及其意义。

表 7-4 NETWORKDAYS.INTL函数的第3参数设置

参数值	每周休息日
1 或省略	星期六、星期日
2	星期日、星期一
3	星期一、星期二
4	星期二、星期三
5	星期三、星期四
6	星期四、星期五

续表

参数值	每周休息日
7	星期五、星期六
11	星期日
12	星期一
13	星期二
14	星期三
15	星期四
16	星期五
17	星期六

如果你每周的休息日是星期日，应将函数第3参数设置为11，如图 7-47所示。

$$=NETWORKDAYS.INTL(\$A\$2,\$B\$2,\mathbf{11},\$A\$6:\$A\$8)$$

图 7-47　设置周日为每周的休息日

> 我的休息日是周三和周四，但这些列出的可设置项中却没有，就算有，记住这些可设置的数字及各自代表的意义也是一件特别麻烦的事。

定义每周的休息日，更为简单的办法是通过由1和0组成的7个字符来指定，从周一开始，工作日用0表示，休息日用1表示，如果休息日是周三和周四，就将第3参数设置为 "0011000"，如图 7-48所示。

=NETWORKDAYS.INTL($A$2,$B$2,"**0011000**",$A$6:$A$8)

图 7-48　设置周三和周四为休息日

使用7个字符串自定义休息日的方法简单方便，省去很多麻烦，我一直这样设置，也推荐你使用这种简单易懂的方式。

7.4.12　计算两个日期值之间的周一个数

在使用NETWORKDAYS.INTL函数时，如果将一周内的周一定义为工作日，其他天定义为休息日，通过计算工作日天数的方法，即可计算出某两个日期值之间周一的个数，方法如图 7-49所示。

=NETWORKDAYS.INTL(A2,B2,"**0111111**")

图 7-49　计算两个日期值之间的周一个数

是不是觉得这种解决方法更简单、更容易记忆呢？是的，很多问题，如果换个思路，解决方法就会简单许多。

7.4.13　用WORKDAY函数求指定工作日之后的日期值

如果想知道"2013/6/1"经过15个工作日后的日期值是多少，可以使用WORKDAY函数，WORKDAY函数共有3个参数。

第2参数是经历的工作日天数，可以是正数或负数。如果是负数，返回起始日期之前的日期值，如果是正数，返回起始日期之后的日期值

=WORKDAY(**❶** 起始日期值，**❷** 经历的工作日数，**❸** 节假日列表)

第3参数是要剔除的节假日列表，可以省略

具体用法如图 7-50所示。

=WORKDAY(A2,B2,A6:A8)

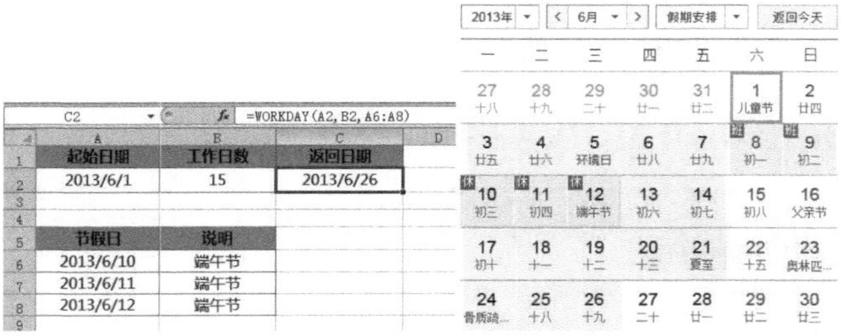

图 7-50　求指定日期经过15个工作日之后的日期值

7.4.14　使用WORKDAY.INTL函数代替WORKDAY函数

同计算工作日天数一样，如果每周的休息日不是周六和周日，求指定工作日后的日期值，使用WORKDAY.INTL函数才是最佳的选择。

WORKDAY.INTL函数的使用方法与NETWORKDAYS.INTL函数类似，共有4个参数。

第3参数的设置方法与NETWORKDAYS.INTL函数第3参数的设置相同

=WORKDAY.INTL(**❶** 起始日期，**❷** 经历的工作日数，**❸** 自定义的休息日，**❹** 节假日列表)

如果每周的休息日只有周六，求15个工作日后的日期值，可以使用图 7-51所示的公式。

$$=WORKDAY.INTL(A2,B2,\text{"0000010"},A6:A8)$$

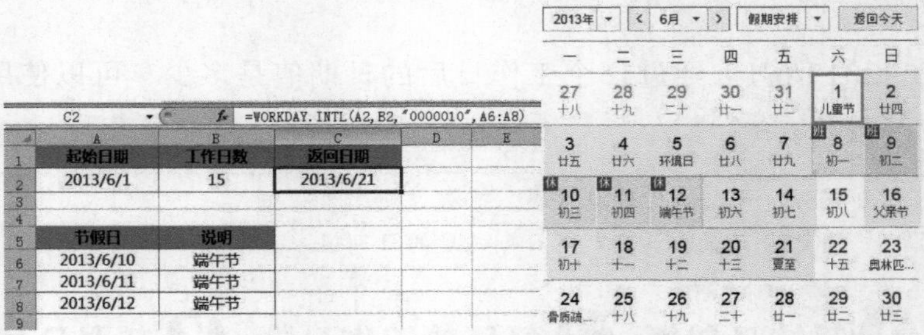

图 7-51 自定义每周的休息日

7.4.15 判断某年是否闰年

通过年份进行判断

判断一个年份是否闰年，关键看这个表示年份的数字是否能被4或400整除，可以使用IF函数编写公式完成，方法如图 7-52所示。

$$=IF(OR(AND(MOD(A2,4)=0,MOD(A2,100)<>0),MOD(A2,400)=0),\text{"闰年"},\text{"平年"})$$

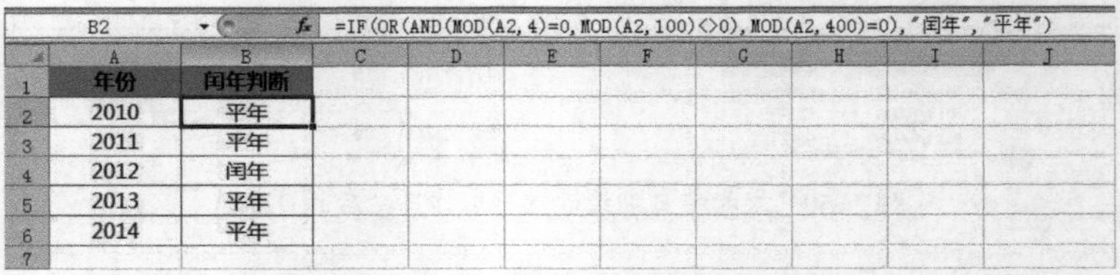

图 7-52 使用IF函数判断某年是否闰年

又是OR，又是AND，判断这么多条件，对个公式的逻辑，我表示有点晕。

通过2月的天数判断

如果你不喜欢IF函数的解决方式，可以换个解决思路。

对于闰年，还有一个特征：2月有29号。所以根据2月的最后一天是否29号，就可以判断该年是否闰年，方法如图 7-53所示。

=IF(DAY(**DATE(A2,3,0)**)=**29**,"闰年","平年")

B2 =IF(DAY(DATE(A2,3,0))=29,"闰年","平年")

	A	B	C	D	E	F	G
1	年份	闰年判断					
2	2010	平年					
3	2011	平年					
4	2012	闰年					
5	2013	平年					
6	2014	平年					
7							

=IF(**MONTH(DATE(A2,2,29)**)=2,"闰年","平年")

B2 =IF(MONTH(DATE(A2,2,29))=2,"闰年","平年")

	A	B	C	D	E	F	G
1	年份	闰年判断					
2	2010	平年					
3	2011	平年					
4	2012	闰年					
5	2013	平年					
6	2014	平年					
7							

DATE的第3参数是29，如果该年是闰年，则返回2月最后一天的日期，否则返回3月第1天的日期

图 7-53 判断某年是否闰年

第5节 不规范日期和时间的处理

只有按日期格式录入的数据，才能被Excel识别为日期，可惜很多人都不明白这一点。于是，我们总能看到一些不符合要求的“日期”数据，如图 7-54所示。

	A	B
1	不规范日期	
2	2013-8.15	
3	2012.09/05	
4	2011年3.5	
5	20120905	
6		

图 7-54 不规范的日期数据

这些不规范的日期数据，往往会给后期的处理带来或多或少的麻烦。

该如何处理这些不规范的日期或时间数据，使其能正常参与数据的运算和处理？是我们这一小节要讨论的内容。

7.5.1 将假日期数据转为真正的日期数据

在Excel中，日期值和时间值本质上都是数值，所以不可以保存为文本格式。

因此，表格中那些具有日期的外形，但以文本格式保存的数据都不是真正的日期数据，如图 7-55所示。

虽然两个单元格中的数据看上去没什么区别，但使用=将它们进行对比时，公式却返回FALSE，这是因为文本格式的日期不是真正的日期

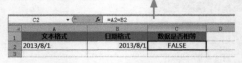

图7-55 文本格式的假日期

如果要让这些文本格式的假日期转为真正的日期，有多种方法可以选择。

使用函数进行转换

使用DATEVALUE和TIMEVALUE函数可以分别将文本格式的日期值和时间值转为真正的日期值和时间值，函数语法为：

DATEVALUE(文本格式的日期)

TIMEVALUE(文本格式的时间)

效果如图7-56、图7-57所示。

注意：DATEVALUE函数返回的是日期值对应的整数，还需设置单元格格式为日期，才能将其显示为日期样式

	A	B	C	D
1	文本日期	转换结果	公式	
2	2013/8/1	41487	=DATEVALUE(A2)	
3	2011-5-1	40664	=DATEVALUE(A3)	
4	2012年5月12日	41041	=DATEVALUE(A4)	
5				

图7-56 将文本类型的假日期值转为真日期值

	A	B	C	D
1	文本时间	转换结果	公式	
2	12:00:00	0.5	=TIMEVALUE(A2)	
3	23:12:15	0.966840278	=TIMEVALUE(A3)	
4	18:32:03	0.772256944	=TIMEVALUE(A4)	
5				

图7-57 将文本类型的假时间值转为真时间值

注意：TIMEVALUE函数返回的是时间值对应的小数，还需设置单元格格式为时间，才能将其显示为时间样式

事实上，将文本格式的日期值转为真正的日期值，就是将文本类型的数据转为数值类型的数据，因此，只要能完成这两种数据类型转换的函数均能完成转换的目的。

而能实现文本转数值的函数很多，如VALUE函数也是可选之一，如图7-58所示。

	A	B	C	D
1	文本格式	转换结果	公式	
2	12:00:00	0.5	=VALUE(A2)	
3	23:12:15	0.966840278	=VALUE(A3)	
4	18:32:03	0.772256944	=VALUE(A4)	
5	2013/8/1	41487	=VALUE(A5)	
6	2011-5-1	40664	=VALUE(A6)	
7	2012年5月12日	41041	=VALUE(A7)	
8				

图7-58 使用VALUE函数转换数据类型

借助数学运算强制转换数据类型

文本格式的日期值，就如文本格式的数字一样，可以直接与其他数值进行数学运算，且返回的结果一定为数值，所以，可借助数学运算进行强制转换，如图 7-59所示。

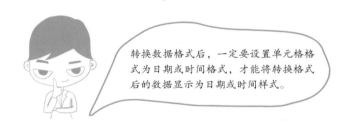

参与这些数学运算后，本身并不改变日期值或时间值对应的数值大小，但却更改了数据类型

图 7-59　借助数学运算转换数据类型

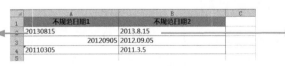

转换数据格式后，一定要设置单元格格式为日期或时间格式，才能将转换格式后的数据显示为日期或时间样式。

7.5.2　处理不符合格式规则的日期

对不符合日期格式的数据，无论其存储为何种格式，都不能通过更改数据类型将其转换为对应的日期值，如图 7-60所示。

以8位数字表示的日期，无论存储为文本还是数值格式，都不能被Excel正确识别

默认情况下，以小数点为分隔符的日期，也不会被Excel正确识别

图 7-60　使用错误分隔符的日期值

解决这类日期值的转换问题，要围绕两个目标来进行：一是将数据处理成符合Excel日期格式规则的数据，二是将数据的格式转换为数值或日期。

只要始终围绕这两个目标去思考，解决的办法也就有了。

将纯数字转换为对应的日期

你可以使用LEFT、MID或RIGHT函数，从类似"20130815"的8位数字中分别取出代表年、月、日的2013、08、15，再使用DATE函数将其组合为真正的日期，如图 7-61所示。

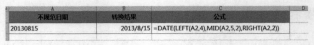

图 7-61   使用DATE函数重组日期

解决问题的方法不只一种，我自己更喜欢使用TEXT函数将数字转换为符合日期格式的字符串，如图 7-62所示。

=TEXT(A2,"0-00-00")
公式将数字转为符合日期格式的字符串

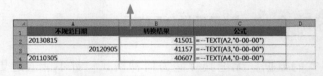

图 7-62   使用TEXT函数更改数据外观

但TEXT函数返回的结果是文本类型，还需将其转为数值，如图 7-63所示。

=--TEXT(A2,"0-00-00")
公式返回的是日期值对应的数值，设置单元
格格式可将其显示为日期样式

	A 不规范日期	B 转换结果	C 公式	D
1				
2	20130815	41501	=--TEXT(A2,"0-00-00")	
3	20120905	41157	=--TEXT(A3,"0-00-00")	
4	20110305	40607	=--TEXT(A4,"0-00-00")	
5				

图 7-63   将TEXT函数的结果转为数值

处理使用错误分隔符的日期

如果录入的日期使用了如点（.）之类的错误分隔符，在处理时，只需将这些错误的分隔符替换为能被Excel识别的日期分隔符，再转换其格式为数值即可，如图 7-64所示。

=--SUBSTITUTE(A2,".","/")
在计算时，Excel先使用SUBSTITUTE函数将原日期中的小数点"."替
换为能"/"，得到符合日期格式的字符串，再使用两个减号"--"将
其转为日期值对应的数值

图 7-64   处理使用错误分隔符的日期数据

第**8**章 管理好你的各种数据

规范的数据是进行数据分析的前提。

但怎样建立数据表？建立数据表的过程中存在哪些误区？也许你正在使用你认为正确、实则错误的方式在管理各种数据。

一起来看看这些做表的要点、你是否都知道。

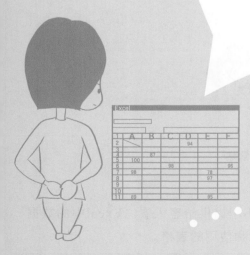

第1节　Excel中其实只有两种表

学生成绩统计表、销售报表、财务报表、考勤统计表……你一定见过千奇百怪、各式各样的表格。面对各种不同名称、形式不一的表格，你一定认为Excel中的表格非常复杂。

其实不然，在Excel中，我们做的其实只有两种表格：一种是数据表，另一种是报表。

8.1.1　数据表就是保存数据的仓库

数据表就像超市的仓库，用来记录和保存各种基础数据，它记录了所有你可能会用到的数据信息，如图8-1所示的表格就是一张数据表。

日期	销售员	销售单号	商品代码	商品名称	数量	单价	金额	备注
2013/1/10	张三	1001	A2001	螺丝刀	10	12	120	
2013/1/10	李少军	1001	A2002	茶杯	11	20	220	打折商品
2013/1/10	邓华华	1001	A2003	充电电池	12	16	192	打折商品
2013/1/12	王江	1002	A2001	螺丝刀	13	12	156	
2013/1/12	张三	1002	A2002	茶杯	14	20	280	打折商品
2013/1/12	李少军	1002	A2003	充电电池	15	16	240	打折商品
2013/1/12	邓华华	1002	A2004	文具盒	16	25	400	
2013/1/15	王江	1003	A2001	螺丝刀	17	12	204	
2013/1/15	张三	1003	A2002	茶杯	18	20	360	打折商品
2013/1/15	李少军	1003	A2003	充电电池	19	16	304	打折商品
2013/1/16	邓华华	1003	A2004	文具盒	20	25	500	
2013/1/16	王江	1004	A2005	茶杯	21	20	420	打折商品
2013/1/16	刘海	1004	A2006	充电电池	22	16	352	打折商品
2013/1/16	刘艳	1004	A2007	文具盒	23	25	575	

图8-1　商品销售明细表

数据表是一张没有经过任何加工的表格，在这张表中，基本不对数据作任何的统计和计算，也不需对其作多余的格式设置。

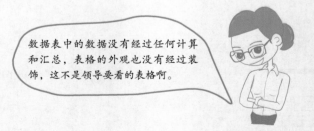

数据表中的数据没有经过任何计算和汇总，表格的外观也没有经过装饰，这不是领导要看的表格啊。

超市的仓库是什么样，里面存放了什么货物，并不用提供给客人看。Excel中的数据表也一样，它只用来保存各种数据，是一张只给自己看和使用的表格。

8.1.2　报表就是呈现结果的表格

如果数据表是超市仓库的话，那报表就是超市中整齐排列的货架，是一张给大家观看的表格，如图8-2所示的表格就是一张商品销售情况的汇总报表。

友谊商场商品销售情况汇总表		
	填报日期：	2013年1月20日
销售日期	销售员	销售总额（元）
2013/1/10	邓华华	192.00
	李少军	220.00
	张三	120.00
日销售金额		532.00
2013/1/12	邓华华	400.00
	李少军	240.00
	王江	156.00
	张三	280.00
日销售金额		1076.00
2013/1/15	李少军	304.00
	王江	204.00
	张三	360.00
日销售金额		868.00
2013/1/16	邓华华	500.00
	刘海	352.00
	刘艳	575.00
	王江	420.00
日销售金额		1847.00
周销售总额		4323.00

图8-2　商场销售报表

报表只保存需要的信息，并且很多数据信息都是你对相关数据进行分类、统计和计算得到的结果。报表不像数据表，针对各种目的，你通常会对报表的布局、格式及外观进行适当的设计和装饰。

8.1.3　为什么要建立数据表

很多时候，经过统计和汇总后的报表，才是你要提交给老板、客户和其他人查阅的表格。

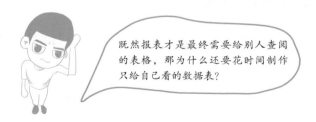

既然报表才是最终需要给别人查阅的表格，那为什么还要花时间制作只给自己看的数据表？

你一定也有过这样的疑问。

数据表并非没用，相反，数据表对数据分析、制作报表至关重要，就像仓库对一个超市的重要性一样，一张合理、规范的数据表对日常的数据分析和处理至关重要。

你能想象如果一间大超市没有仓库是什么样吗？货架上只有10瓶酒，但客人需要20瓶，还差的10瓶从哪里来？进货时进了100瓶酒，但货架最多只能摆10瓶，多余的90瓶放在哪里？

如果有了仓库，这些麻烦就不存在了，仓库里存放的各种商品数量，完全可以应付近期超市的正常销售，货架上的酒卖完了，直接从仓库取出来，而不需要频繁往返商家批发。

对于Excel而言，建立数据表如同修建一间数据仓库，是为数据统计与分析，制作各种报表打地基。就像你不知道今天来超市的客人会买什么酒，买几瓶酒一样，很多时候，你预先可能不知道会制作哪些报表，在报表中需要哪些数据和信息。

因为对同一个事件，不同的人关心的侧重点并不相同。商店的老板更关心商店的利润，商场的销售员更关心自己的销售额，消费者更关心商品的降价幅度……面对不同的对象，你需要提供的报表可能也不相同。

如果你的报表是手动建立的，一旦对报表的需求或基础数据发生一点点改变，而你又没有保存这些信息的数据表，你可能会再重复一次收集、整理数据的过程，从头开始做所有相关的表格，这显然是一件非常麻烦的事。

但如果拥有一间"数据仓库"，这些麻烦就不存在了。

所以，制作各种报表，较为合理的步骤应该是：将所有的基础数据保存在数据表中，再通过公式或其他手段对数据表中的数据进行归类、分析和汇总，从而得到报表需要的各项统计指标。一旦通过公式或其他手段建立了报表和数据表之间的关联，报表中的数据便会随着数据表中信息的改变而自动更新，你只需管理好数据表，即可得到相应的报表。

从某种程度上说，数据表是用Excel分析数据的关键，没有数据表，就谈不上数据分析。

第2节　数据表应该做成什么样

8.2.1　被粘起来的名片信息

小王喜欢收藏各行各业人员的名片，做广告的，做餐饮的，做家政服务的，做培训的……应有尽有，每张名片上都有相应人员的详细信息，如图8-3所示。

图8-3　一张名片

收藏名片的目的，按小王自己的说法，就是"闲时收着急时用"，留着公司楼下餐馆的联系方式，兴许哪天加班时就能用上了。

随着时间的增长，小王收藏的名片越来越多，如图8-4所示。

这些只是小王收藏的名片中很小的一部分

图8-4　收藏的名片

一张名片对应一个人的信息，名片库中的名片越多，信息量就越大，他可以从中找到需要的人员信息，但庞大的数据也为查询信息带来了诸多不便。

培训学校那位老师的名片在哪里？这么大堆名片，要找出来也真不容易。

整理一下这些名片息，将它们分分类，这可能是一个管理名片的好方法。

不同的名片，记录的都是相似的信息，如图8-5所示。

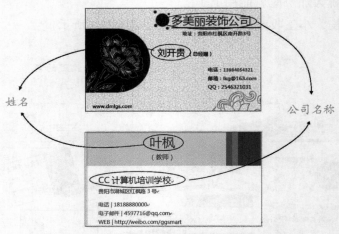

图8-5　不同名片中相同的信息

公司名称、姓名、联系电话……每张名片上都有这些共同的信息。小王将不同名片上记录的各种信息剪下来，横向粘在一张纸上，得到如图8-6所示的新"名片"。

所有人的姓名都被粘在一起，要找"叶枫"的信息，就在粘姓名的地方找，方便多了

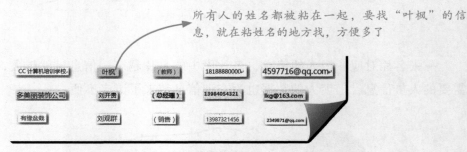

图8-6　名片上的各类信息

被粘在一起的多种信息，为了便于区分，小王又在纸的顶端替各类信息贴了一张用于标识和区分的标签，如图8-7所示。

贴上标签后，小王就知道粘贴在该标签下方的纸条记录的是什么信息

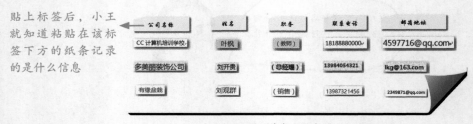

图8-7　替每类信息贴上标签

有了这张粘满信息的纸，查找信息时就方便许多了，要找叶枫，就在第2列找，要找培训学校，就去第1列。分类后的名片信息，虽然外观上不是特别漂亮，但却为管理这些信息带来了许多便利。

8.2.2　数据表就是一张粘满信息的纸

小王那张粘满名片信息的纸就是一个纸质的数据表，数据表就是保存一切信息的地方。

如果名片的信息种类很多，可以在纸的右侧增加类似"公司地址"、"QQ号码"的标签，如果名片的数量增加，就将从名片上剪下的各类信息，横向粘贴在页面的下方空白的地方。

但不可否认，无论是寻找一张能提供满足尺寸需求的纸，还是裁剪、粘贴、管理名片上的信息，都不是一件十分轻松的事。

幸运的是，我们有了Excel，让我们可以轻松解决这些困难。

你一定也觉得小王这张粘满名片信息的纸很眼熟，是的，它就像一张我们熟悉的Excel表格，如图8-8所示。

图8-8　名片纸与Excel表格

是不是发现Excel中的表格就是一张"粘"得非常整齐的名片纸？

所以，如果将名片上的各类信息进行分类，再输入Excel中，就可以得到一张保存名片信息的Excel数据表。

这也是Excel中数据表的一个基本模型。

Excel的数据表只是一张记录数据的清单，是一张由行和列组成的二维表格。表格中的一列数据记录一类信息，一行数据记录一个事件的多种信息，如图8-9所示。

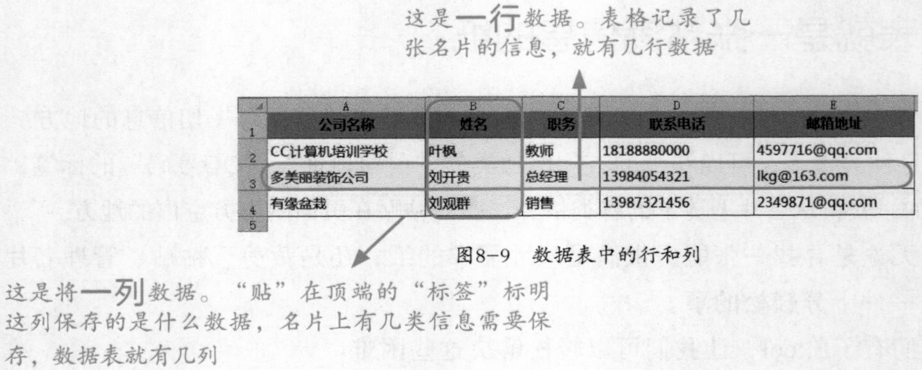

这是**一行**数据。表格记录了几
张名片的信息，就有几行数据

图8-9 数据表中的行和列

这是**一列**数据。"贴"在顶端的"标签"标明
这列保存的是什么数据，名片上有几类信息需要保
存，数据表就有几列

8.2.3 建立数据就就是建立数据库

学生成绩单、商品销售清单……无论你的数据记录在什么地方，无论你有多少数据需要记录，都一定能对这些数据和信息分类，再做成Excel数据表。

不同的数据表，只是记录的信息和占用的区域大小不同，但是它们在结构上都一定是相同的，对比如图8-10所示的两张数据表，你能发现数据表在结构上的共同特征吗？

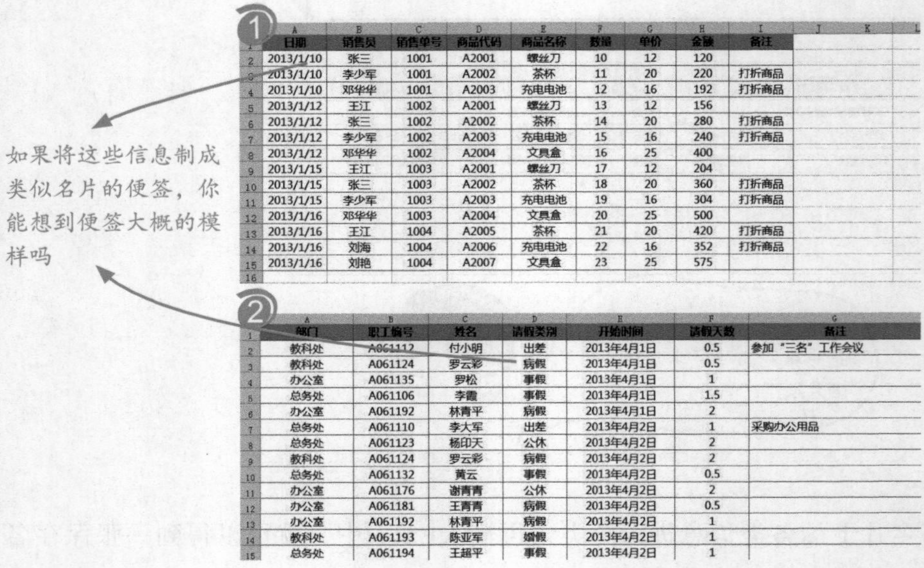

如果将这些信息制成
类似名片的便签，你
能想到便签大概的模
样吗

图8-10 记录不同信息的数据表

这就是Excel中数据表的基本结构，无论你记录的是什么数据，都可以参照该结构建立数据表。

在Excel中建立数据表，就是建立一个保存信息的数据库。

数据表由多列数据组成。"列"在数据库中称为"字段"，字段是对一列数据的统称。写在每列第一行的标题，就像小王贴在纸上的标签，它是该列数据的标识，在数据库中称为"字段名称"。一张数据表可能由多个字段组成，但字段名称不能重复，每个字段只记录同一含义、同一类型的数据，如图8-11所示。

这些就是字段名称。字段名称指明该列应该保存的数据。数据表中不能出现同为"姓名"的多个字段，也不能将其他不属于"姓名"的数据保存在"姓名"所在的列中

图8-11 数据表的字段

数据表由多行数据组成，除去标题行（字段名称），一行数据称为一条"记录"，每条记录只记录一个事件，如一张名片、一张请假条中的多个信息，如图8-12所示。

数据表中有两条记录，分别记录了两个人的请假信息

部门	职工编号	姓名	请假类别	开始时间	请假天数	备注
教科处	A061112	付小明	出差	2013年4月1日	0.5	参加"三名"工作会议
教科处	A061124	罗云彩	病假	2013年4月1日	0.5	

图8-12 数据表中的记录

从某种程度上说，建立数据表，关键在于确定数据表的字段名称。

当你对收集到的数据进行整理和分类，确定字段名称，建立起数据表的标题行后，剩下的就只是往里面追加记录了。

你一定掌握了建立Excel数据表
的过程和方法，那就试着去建
立一个数据表，保存你需要保
存的数据吧。

第3节　别走入建立数据表的误区

无论你将数据表设计成什么样，都应该便于后期的数据分析和统计，这是建立数据表最基本的要求。接下来，让我们一起看看建立Excel数据表时，都有哪些不能进入的误区。

8.3.1　不要让多余的标题行抢占了数据的地盘

很多人在建立数据表时，会在第1行给表格加一个醒目的标题，如图8-13所示。

日期	销售员	销售单号	商品代码	商品名称	数量	单价	金额	备注
2013/1/10	张三	1001	A2001	螺丝刀	10	12	120	
2013/1/10	李少军	1001	A2002	茶杯	11	20	220	打折商品
2013/1/10	邓华华	1001	A2003	充电电池	12	16	192	打折商品
2013/1/12	王江	1002	A2001	螺丝刀	13	12	156	
2013/1/12	张三	1002	A2002	茶杯	14	20	280	打折商品
2013/1/12	李少军	1002	A2003	充电电池	15	16	240	打折商品
2013/1/12	邓华华	1002	A2004	文具盒	16	25	400	
2013/1/15	王江	1003	A2001	螺丝刀	17	12	204	
2013/1/15	张三	1003	A2002	茶杯	18	20	360	打折商品
2013/1/15	李少军	1003	A2003	充电电池	19	16	304	打折商品
2013/1/16	邓华华	1003	A2004	文具盒	20	25	500	
2013/1/16	王江	1004	A2005	茶杯	21	20	420	打折商品
2013/1/16	刘海	1004	A2006	充电电池	22	16	352	打折商品
2013/1/16	刘艳	1004	A2007	文具盒	23	25	575	

图8-13　添加标题的数据表

如果这是一张需要打印，并提供给别人阅读的表格，添加表格标题不但没有问题，反而是必须的。但作为一张只给自己看和使用，为汇总和分析数据作准备的表格，添加标题行只会显得画蛇添足，多此一举。

在Excel的的眼中，一个连续数据区域（包括空白工作表）的首行就是这个区域的标题行，标题行标明了每列数据的属性和类别，是对数据进行筛选、排序等操作的依据。

而图8-13中表格的第1行并非数据表的标题行（字段名称），这个标题除了让阅读该表的人知道这是一张什么表外，没有其他任何用途，相反会在某些场合给数据分析带来麻烦。

数据表只用来保存有用的信息，作为数据表，一般并不需要为其设置表格标题。

没有表格标题，我怎么知道这是一张记录什么数据的表格？

表格标题，就像贴在药瓶上的标签，只是为了提示瓶子里装的是什么药，无论你将这个标签贴在瓶子的什么位置都能起到提示作用。

既然表格的标题只起提示和传递信息的作用，那放在其他地方也可以，如替工作表设置一个适合的标签名称就是一个不错的做法，如图8-14所示。

日期	销售员	销售单号	商品代码	商品名称	数量	单价	金额	备注
2013/1/10	张三	1001	A2001	螺丝刀	10	12	120	
2013/1/10	李少军	1001	A2002	茶杯	11	20	220	打折商品
2013/1/10	邓华华	1001	A2003	充电电池	12	16	192	打折商品
2013/1/12	王江	1002	A2001	螺丝刀	13	12	156	
2013/1/12	张三	1002	A2002	茶杯	14	20	280	打折商品
2013/1/12	李少军	1002	A2003	充电电池	15	16	240	打折商品
2013/1/12	邓华华	1002	A2004	文具盒	16	25	400	
2013/1/13	王江	1003	A2001	螺丝刀	17	12	204	
2013/1/15	张三	1003	A2002	茶杯	18	20	360	打折商品
2013/1/15	李少军	1003	A2003	充电电池	19	16	304	打折商品
2013/1/16	邓华华	1003	A2004	文具盒	20	25	500	
2013/1/16	王江	1004	A2005	茶杯	21	20	420	打折商品

友谊商场商品销售明细表 销售报表

图8-14 替工作表设置一个适合的标签名称

8.3.2 对合并单元格说 "NO"

使用合并单元格，将多个单元格合并为一个，不仅可以减少数据的录入量，从某种程度上讲，还可以让表格变得更清晰、更简洁，如图8-15所示。

部门	职工编号	姓名	请假类别	开始时间	请假天数	备注
总务处	A061175	曹明	出差	2013年4月2日	0.5	教育局办理职称
				2013年4月3日	1	
			公休	2013年4月4日	2	
			出差	2013年4月8日	0.5	
				2013年4月9日	2	
教务处	A061113	曹云	公休	2013年4月4日	1.5	
教务处	A061159	陈兵	公休	2013年4月8日	1.5	
				2013年4月10日	0.5	
教科处	A061143	陈军	公休	2013年4月3日	2	
教科处	A061193	陈亚军	婚假	2013年4月2日	1	
			事假	2013年4月3日	0.5	
				2013年4月4日	1.5	
办公室	A061126	陈义轩	出差	2013年4月8日	0.5	
教科处	A061112	付小明	出差	2013年4月1日	0.5	参加 "三名" 工
办公室	A061182	付玉荣	出差	2013年4月8日	0.5	参加中考体育监
				2013年4月9日	0.5	参加中考体育监
				2013年4月10日	0.5	参加中考体育监
总务处	A061184	何平	事假	2013年4月4日	1	

图8-15 大量使用合并单元格的数据表

如果你制作的是报表，使用合并单元格来调整表格的外观无可厚非，但如果是建立数据表，可千万别乱用合并单元格，甚至应该杜绝使用。因为合并单元格对数据表的破坏性非常大，严重影响后期的数据统计。

让我们来看看对图8-15的数据表进行排序操作后会发生什么，如图8-16所示。

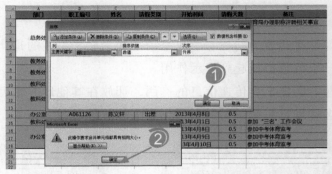

图8-16　对存在合并单元格的数据表排序

类似的警告对话框是不是遇到过很多次？排序、筛选、复制粘贴、制作数据透视表……你还能想起合并单元格会影响哪些操作吗？

除了操作不便外，如果数据表中存在合并单元格，统计和汇总其中的数据也是一件麻烦的任务。如果要根据图8-15的数据表，汇总如图8-17所示的报表中的各项数据，你能找到多少比手动汇总更简单的办法？

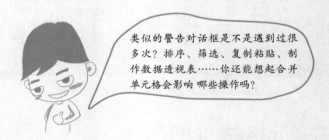

图8-17　待汇总的出勤情况统计表

但如果数据表中没有使用合并单元格，将表格建立成如图8-18所示的样式，汇总报表中的数据便不存在多大困难。

就算相邻的多个单元格保存的是相同的数据，也不使用合并单元格。**不让多条记录或多个字段共用一个信息**，这是建立数据表应该遵循的一个原则

部门	职工编号	姓名	请假类别	开始时间
总务处	A061175	曹明	出差	2013年4月2
总务处	A061175	曹明	出差	2013年4月3
总务处	A061175	曹明	公休	2013年4月4
总务处	A061175	曹明	出差	2013年4月8
总务处	A061175	曹明	出差	2013年4月9
教务处	A061113	曹云	公休	2013年4月4
教务处	A061159	陈兵	公休	2013年4月8
教务处	A061159	陈兵	公休	2013年4月10
教科处	A061143	陈军	公休	2013年4月3
教科处	A061193	陈亚军	婚假	2013年4月2
教科处	A061193	陈亚军	事假	2013年4月3
教科处	A061193	陈亚军	事假	2013年4月4
办公室	A061126	陈义轩	出差	2013年4月8

图8-18　不存在合并单元格的数据表

规范的数据表，只需使用一个简单的公式，即可求出报表中各项统计指标，如图8-19所示。

=SUMIFS(职工请假明细表!$F:$F,职工请假明细表!$C:$C,$A3,职工请假明细表!$D:D,B2)

B3　=SUMIFS(职工请假明细表!$F:$F,职工请假明细表!$C:$C,$A3,职工请假明细表!$

2013年4月出勤情况统计表

姓名	病假	出差	公休	婚假	事假	合计
曹明		4	2			6
曹云			1.5			1.5
陈兵			2			2
陈军			2			2
陈亚军				1	2	3
陈义轩		0.5				0.5
付小明		0.5				0.5
付玉荣		1.5				1.5
何平					1	1
黄倩倩				3.5	1.5	5
黄云	1	2			1	4
李大军		3.5				3.5
[illegible]		0.5				0.5

职工请假明细表　统计报表

图8-19　使用公式汇总数据

如果你会用数据透视表，完成这个报表中数据的统计会更简单。

8.3.3 一个字段只记录一类数据

就像你会将QQ账号和QQ密码分开保存一样,在使用Excel管理数据时,应将不同类别的数据保存在不同的列中,"姓名"保存在一列,"应发工资"保存在一列。

如果将多种类别的数据保存在同一列中,同样会给你汇总数据带来麻烦。

还记得在第1章第1节中看过的最牛成绩表吗?让我们再来看看那张成绩表在结构上存在什么问题,如图8-20所示。

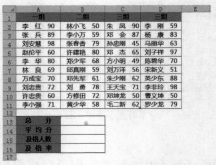

图8-20 最"牛"的成绩表

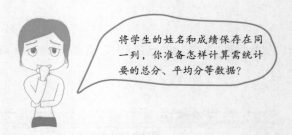

将学生的姓名和成绩保存在同一列,你准备怎样计算需统计要的总分、平均分等数据?

事实上,这张成绩表存在的问题不只一个。就算将它改成如图8-21所示的样式,它也不是一份规范的数据表。

组别	姓名	成绩	组别	姓名	成绩	组别	姓名	成绩	组别	姓名	成绩
一组	李 红	90	二组	林小飞	50	三组	朱 凤	90	四组	李 刚	59
一组	张 兵	89	二组	李小万	59	三组	邓 会	87	四组	杨 康	83
一组	刘安慧	98	二组	张春香	79	三组	孙忠刚	45	四组	马丽华	63
一组	赵伦平	60	二组	许建艳	80	三组	邓 杰	65	四组	刘子祥	97
一组	李 华	80	二组	郑少军	68	三组	方小明	49	四组	陈碧华	70
一组	林 良	69	二组	邱真刚	59	三组	刘万洋	56	四组	宋新义	51
一组	万成宝	70	二组	邓先军	61	三组	朱少刚	62	四组	英少东	88
一组	刘忠贵	72	二组	刘 勇	78	三组	王天宝	71	四组	李非玲	98
一组	许忠贵	60	二组	方修田	72	三组	邓坤龙	50	四组	曹义坤	50
一组	李小强	71	二组	黄少华	58	三组	毛二新	62	四组	罗少龙	79

图8-21 不规范的数据表

虽然每一列保存的都是单独的一类数据，但却将相同含义的数据保存在多列中，无论是组别、姓名还是成绩，数据表都使用了3列来保存。

在数据表中，不能使用一列（字段）来保存多种数据，也不能使用多列（字段）来保存同一属性的数据。

一定要记住，你的数据表不是用来观看，也不需要打印的，不用在意它使用了多少行和多少列。无论数据表记录了多少名学生的成绩，都应该设计成如图8-22所示的样子。

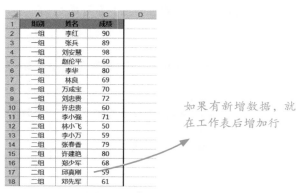

图8-22　较为规范的数据表

在第1章第2节中我们已经介绍过怎样通过这张成绩表汇总成绩，如果你忘记了，请回头去看看，这里不再多作介绍。

8.3.4　字符之间不要输入空格或其他字符

在图8-21的成绩表中，还有一个比较典型的问题——字符之间存在空格，如图8-23所示。

在两个字的姓名中间添加空格，
让其与三个字的姓名长短相同，
达到两端对齐的效果

	A	B	C	D	E	F	G	H	I	J	K	L	M
1	组别	姓名	成绩	组别	姓名	成绩	组别	姓名	成绩	组别	姓名	成绩	
2	一组	李 红	90	二组	林小飞	50	三组	朱 凤	90	四组	李 刚	59	
3	一组	张 兵	89	二组	李小万	59	三组	邓 会	87	四组	杨 康	83	
4	一组	刘安慧	98	二组	张春香	79	三组	孙忠刚	45	四组	马耀华	63	
5	一组	赵伦平	60	二组	许建艳	80	三组	邓 杰	65	四组	刘子祥	97	
6	一组	李 华	80	二组	郑勺军	68	三组	方小明	49	四组	陈鹤华	70	
7	一组	林 良	69	二组	邱真刚	59	三组	刘万洋	56	四组	宋新义	51	
8	一组	万成宝	70	二组	邓先军	61	三组	朱少刚	62	四组	英少东	88	
9	一组	刘忠贵	72	二组	刘 勇	78	三组	王天宝	71	四组	李菲玲	98	
10	一组	许忠贵	60	二组	方修田	72	三组	赵坤龙	50	四组	曹义坤	50	
11	一组	李小强	71	二组	黄少华	58	三组	毛二新	62	四组	罗少龙	79	
12													

图8-23　字符间存在不必要的空格

添加空格，让数据达到两端对齐的效果，你是不是也这样干过？

添加空格后的数据，虽然看上去的确美观很多，但是也给查询和汇总数据带来了麻烦，如图8-24所示。

$$=VLOOKUP(E2,B:C,2,FALSE)$$

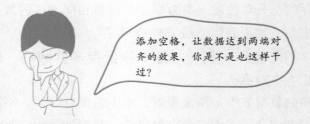

数据表中的字符之间存在空格，使用VLOOKUP函数查询"林良"时，函数返回#N/A错误

图8-24　存在空格的数据影响函数查询

你预先可能不知道数据表中的字符间是否存在空格，存在几个空格，所以无法确定应该查找"林良"还是"林　良"，从而给工作带来不必要的麻烦。

姓名如此，其他数据亦然。

数据本身是什么，录入单元格时就录入什么。不要为了整洁的外观或其他目的，随意改变数据本身，不要在字符首尾或中间添加空格或其他字符，不要使用<Alt+Enter>组合键对数据换行等。

> **提示**
>
> 　　怎样在不使用空格的前提下，还能让所有姓名显示为两端对齐的效果呢？下次你可以试试Excel自带的单元格格式"分散对齐"。

8.3.5　不同位置的同一数据必须完全一致

我有一位同事，他的名字叫"刘万宏"，但经常被其他同事写成"刘万洪"。

> 将"宏"写成"洪"，使用拼音输入法的同学们都有相同的经历吧？

虽然身边的同事都知道"刘万洪"就是"刘万宏"，但思维严谨的Excel却不这样认为。在Excel的眼中，一就是一，二就是二。只有完全相同的字符才会被认为是同一数据，所以对不同单元格中的相同数据，应该保证它们完全一致。

在如图8-25所示的成绩表中，就犯了这个错误。

清镇二中、清镇市二中、清镇市第二中学……这些
称呼在人的思维里，表示的都是同一个学校

	A	B	C	D	E	F	G	H	I	J	K	L
1	学校代码	学校名称	姓名	语文	数学	英语	思品	历史	地理	生物	总分	
2	1602	清镇二中	龚修怡	97	96	100	93	85	100	94	665	
3	1602	清镇第二中学	管丰媛	88	100	98	95	88	100	84	653	
4	1602	清镇二中	任勇鑫	82	98	96	79	91	100	92	638	
5	1602	清镇市二中	张前民	88	91	98	94	84	94	88	637	
6	1602	清镇市第二中学	闵灿雯	86	98	99	86	81	88	92	630	
7	1603	清镇六中	林昕姗	95	100	98	88	87	98	80	646	
8	1603	清镇六中	颜沅	93	92	99	89	84	96	86	639	
9	1603	清镇六中	李一凡	91	88	100	87	83	92	92	633	
10	1603	清镇六中	徐金野	86	100	98	80	85	96	83	628	
11	1611	清镇十二中	王素红	86	92	95	87	79	98	77	614	
12	1611	清镇十二中	陈克颖略	92	100	99	82	89	96	86	644	
13	1611	清镇十二中	周旋	87	98	100	89	85	92	92	643	

图8-25　不同位置的"相同"数据

　　尽管不同的称呼，并不会影响人们将它看成一个学校，但因为组成名称的字符不同，所以Excel会把它们当成不同学校的学生成绩。

如果数据表中的学校名称不统一，使用公式汇总如图8-26所示的报表中"清镇二中"的各项成绩指标，你认为简单吗？

图8-26　各科成绩平均分统计表

所以，杜绝使用同音异形字，禁止混合使用全称或简称，要使用统一的标点符号、括号等，也是使用Excel建立数据表应该遵循的原则之一。

8.3.6　为每条记录设置一个唯一的标识

一张规范、合理的数据表，一定能满足根据条件查询信息的目的。

在如图8-27所示的数据表中，如果李兰同学想请你查询她的考试成绩，你给出的答案会是什么？

姓名为"李兰"的记录不只一条，无法判断哪条记录才是要查询的信息

图8-27　存在重复姓名的成绩表

数据表中的某些关键信息可能存在重复，而表中保存的信息不足以让Excel区分它们，从而为查询数据信息造成障碍。

如果数据表中的数据量过大，就算你预先知道信息存在重复，使用人工去判断和识别，相信也不是一件容易的事。

所以，在建立数据表时，为不同的记录设置一个唯一的标识信息是必须的。

如在图8-27的成绩表中，可以添加一个"准号证号"字段，让Excel能通过准考证号判断哪条记录才是要查询的记录，如图8-28所示。

"准考证号" 字段中保存的信息不会重复，查询成绩时，
选择使用准考证号而不是姓名查询会更准确

图8-28　添加准考证号字段的成绩表

8.3.7　不要在数据表中对数据进行分类汇总

　　边录入数据，边对数据进行汇总，让所有的操作都在数据表中完成，一部份人习惯这样做也因此我们会接触到如图8-29所示的数据表。

这是一张既保存学生成绩的数据表，又是一张汇总各学校、各科成绩平均分的分析报表

图8-29　对数据分类汇总的数据表

　　这样的表格，违背了数据管理和分析的原则，混淆了数据表和报表的分类概念。这样的表是我们说的数据表，还是报表？已经无法区别了。

　　在数据表中添加了汇总成绩的行，虽然得到了汇总结果，但同时也改变了数据表本身的结构，在数据表中增加了多余的数据信息，如果在这张表的基础上进行其他统计分析，还得剔除这些多余的数据信息，增加不必要的工作量。

　　建立一张规范的数据表，在数据表的基础上，制作需要的数据报表，正确的做法应该是这样。

《别怕，Excel函数其实很简单 II》上市了！
想知道"函数2"都介绍什么了吗？

第1章 别怕，解读公式我有妙招

再长的公式也是由短公式"拼装"而成的。别怕，我们一起来拆分长公式。

第2章 认清公式返回的错误

读懂了公式返回错误值，妈妈再也不用担心我的公式出错了！

第3章 用函数统计和汇总数据

Excel能完成的运算和统计远远超出了我们的想象，那么除了"函数1"中介绍过的COUNTIF、SUMIF等函数外，还有哪些常用的统计函数需要学习和掌握呢？

第4章 查找和引用数据的高手

在"函数1"中我们介绍了VLOOKUP，其实不加V的LOOKUP也很厉害！

第5章 公式中的王者—数组公式

很多人都觉得数组公式很难，因为江湖也一直这样盛传着。别人的观点总会在不经意间影响到我们，其实大可不必。我们一起来打破数组公式这个传说中的神话吧！

第6章 另类的Excel公式—名称

Excel允许我们给单元格或者单元格区域取个名字，这简直太贴心了。有了名称我们不仅能将长公式变得简短易读，还可以解决许多非名称公式不能解决的问题！

第7章 在条件格式中使用公式

第8章 在数据有效性中使用公式

条件格式、数据有效性的威力大家都领教过吧。第7章、第8章为大家展示加入了公式后的它们是不是更厉害呢！